高等教育名校建设工程特色专业规划教材

PLC 系统设计与调试

主　编　王　红　迟恩先

副主编　马爱君　向　洮　王　兰

U0194778

中国水利水电出版社
www.waterpub.com.cn

内 容 提 要

本书是面向电气自动化技术、机电一体化技术、楼宇智能化工程技术等相关专业的学生和行业企业技术人员的项目化教材。

全书从三相异步电动机启动控制的设计与调试项目出发，通过十二个应用实训项目，分别讲述了西门子 S7-200 系列 PLC 的内部结构、工作原理、基本逻辑指令及应用、顺序控制类指令及应用、功能指令及应用、模拟量处理模块及 PID 功能应用、中断功能应用、高速处理功能应用，每个项目都具有不同的特点和侧重点，系统地论述了 PLC 控制系统的设计方法。通过典型应用案例，本书着重阐明项目实施的步骤及过程，重点培养和训练学习者软件设计能力和系统调试方法。

本书内容简明扼要、深入浅出，可作为职业院校 PLC 应用课程的教材，也可作为机电类技术培训用书或工程技术人员参考用书。

本书配有免费电子教案，读者可以从中国水利水电出版社网站以及万水书苑下载，网址为（www.waterpub.com.cn）或（www.wsbookshow.com）。

图书在版编目（C I P）数据

PLC系统设计与调试 / 王红，迟恩先主编. -- 北京：
中国水利水电出版社，2015.10（2024.1 重印）
高等教育名校建设工程特色专业规划教材
ISBN 978-7-5170-3713-2

Ⅰ. ①P… Ⅱ. ①王… ②迟… Ⅲ. ①plc技术－高等
学校－教材 Ⅳ. ①TM571.6

中国版本图书馆CIP数据核字(2015)第241230号

策划编辑：石永峰　　责任编辑：张玉玲　　加工编辑：封 裕　　封面设计：李 佳

书　名	高等教育名校建设工程特色专业规划教材 **PLC 系统设计与调试**
作　者	主 编　王　红　迟恩先 副主编　马爱君　向　洮　王　兰
出版发行	中国水利水电出版社 （北京市海淀区玉渊潭南路 1 号 D 座　100038） 网址：www.waterpub.com.cn E-mail：mchannel@263.net（答疑） 　　　　sales@mwr.gov.cn 电话：（010）68545888（营销中心）、82562819（组稿）
经　售	北京科水图书销售有限公司 电话：（010）68545874、63202643 全国各地新华书店和相关出版物销售网点
排　版	北京万水电子信息有限公司
印　刷	三河市鑫金马印装有限公司
规　格	184mm×260mm　16 开本　12 印张　304 千字
版　次	2015 年 10 月第 1 版　2024 年 1 月第 3 次印刷
印　数	3001—4000 册
定　价	28.00 元

前　　言

可编程控制器（Programmable Logic Controller）是工业自动化设备的主导产品，由于它可通过软件来改变控制过程，并且具有体积小、组装维护方便、编程简单、可靠性高、抗干扰能力强等特点，已广泛应用于工业控制的各个领域，是现代工业自动化三大支柱（PLC、机器人、CAD/CAM）之一，对提升设备的自动化水平、提升控制精度和生产效率、保证产品质量均具有重要意义。

本书采用模块化结构、项目引领的模式编写。全书共安排 6 个模块、12 个教学项目、若干个任务，内容涉及西门子 S7-200 的结构、工作原理、指令系统、模拟量处理模块、通信、系统设计及调试方法等。本书根据机电类、电气类工作岗位能力需求，遵循"培养技能、重在运用、能力为本"的思想，以培养技能型人才为目标，内容上紧跟现代工业自动化技术的发展现状，精选岗位必须的理论知识，示例翔实、可操作性强，既可作为高等职业学院的教材，又可作为专业岗位的培训用书，还可作为相关专业技术人员的自学教材。

本书中的项目都来源于自动化生产实际，且结合教学需求精心组织，每个项目包括"项目目标""项目分析""项目实施""相关知识""知识测评""项目评估"等模块，着重阐明项目设计实施的方法及步骤。既保证了理论知识的层次性、系统性，又保证了很好的实践培训特点，重点培养和训练学习者的学习能力、操作能力、应用设计能力、岗位工作能力，对学生走上工作岗位并适应岗位有一定的帮助作用。

本书由山东电子职业学院王红和山东山大华天科技集团股份有限公司迟恩先联合主编，参加编写的团队成员还有马爱君、向洮、王兰、济南长城空调有限公司李刚，他们扎实的理论功底、丰富的实践经验，为本书的高质量编写提供了保障。本书承蒙威海职业学院王芹副教授审稿，并对本书提出了许多宝贵意见，在此表示衷心的感谢。

由于编者水平有限，书中难免存在错误和疏漏，恳请广大读者批评指正。

编　者

2015 年 7 月

绪　　论

课程目标

通过本课程的学习，学生能够：

● 掌握西门子 S7-200 PLC 的硬件组成、硬件配置以及 IO 分配；

● 能够使用 S7-200 编程软件 STEP7-Micro/WIN4.0 进行系统设置及熟练运用梯形图进行编程；

● 掌握定时器、计数器、内部继电器、变量寄存器、顺控继电器等软元件的使用方法；

● 掌握 S7-200 基本逻辑指令及典型控制系统编程；

● 掌握 S7-200 程序控制指令及编程；

● 掌握 PLC 解决工业自动控制中工程实际问题的一般步骤；

● 能够根据企业设备现状及经济要求，合理进行 PLC 控制系统元器件选型、系统安装、编程及调试；

● 独立或协作解决中等复杂控制系统的工艺与质量问题；

● 掌握故障分析的步骤与方法，能对 PLC 控制系统常见故障进行分析判断与排除；

● 熟悉电气工程施工与质量验收规范；

● 正确使用国家相应标准文件，获取相关知识；

● 爱岗敬业、诚实守信。

职业道德与安全

1. 职业道德

□ 爱岗敬业：发扬敬业精神，热爱本职工作。认真贯彻国家建设方针、政策和原则，珍惜国家资金、土地、能源、材料设备，不为收取回扣、介绍费等选用价高质次的材料和设备，为国为民，服务社会，力求取得更大的经济、社会和环境效益。

□ 质量第一：树立精品意识，繁荣建筑创作。认真执行设计安装标准、规范、规程，重视质量，严把各工序质量关，确保公众人身及财产安全，对设计质量负责到底。

□ 信誉至上：坚持公平竞争，信守合同。树立正派学风，追求精湛技术，合理计费，积极配合，保证工程进度，维护单位信誉，以信誉求进步，以信誉求发展。

□ 竭诚服务：强化服务意识，树立企业形象。根据施工进度需求，做好各项配合，发现问题及时解决。

□ 文明礼貌：提倡文明处事，崇尚礼貌待人。热情诚恳，态度和蔼，用语文明，仪表大方，保持优美环境，维护良好秩序。

□ 团结协作：搞好团结协作，树立集体观念。甘当配角，艰苦奋斗，无名奉献。

□ 廉洁自律：自觉遵纪守法，严格照章办事。

□ 开拓进取：认真钻研业务，勇攀技术高峰。开阔思路，不断学习，提高技术，改革创新，推动技术进步。

2. 电修人员安全操作规程

□ 电修人员必须具备电路基础知识，严格遵守《电工安全操作规程》，熟悉设备安装位置、特性、电气控制原理及操作方法，不允许在未查明故障及未有安全措施的情况下盲目试机。

□ 在使用仪表测试电路时，应先调好仪表相应档位，确认无误后才能进行测试。

□ 电气装置在使用前，应确认其符合相应环境要求和使用等级要求。用电设备和电气线路的周围应留有足够的安全通道和工作空间。电气装置附近不应堆放易燃、易爆和腐蚀性物品。正常使用时会产生飞溅火花、灼热飞屑或外壳表面温度较高的用电设备，应远离易燃物质或采取相应的密闭、隔离措施。

□ 维修设备时，必须首先通知操作人员，在停车后切断设备电源，把熔断器取下，挂上标示牌，方可进行检修工作。检修完毕应及时通知操作人员。

□ 电气设备发生火灾时，要立刻切断电源，并使用四氯化碳或二氧化碳灭火器灭火，严禁带电用水或用泡沫灭火器灭火。当发生人身触电事故时，应立即断开电源，使触电人员与带电部分脱离，并立即进行急救。在切断电源之前禁止其他人员直接接触触电人员。

□ 每次操作结束时，必须清点所带工具、零件，清除工作场地所有杂物，以防遗失和留在设备内造成事故。

□ 当保护装置动作或熔断器的熔体熔断后，应先查明原因、排除故障，并确认电气装置已恢复正常后才能重新接通电源、继续使用。

3. 电气安全常识

电气安全是以安全为目标，以电气为领域的应用科学。这门学科是与电相关联的，而不是仅仅与用电或电器相关联的。因此，用电安全和电器安全都不等同于电气安全，而是二者都包含在电气安全之中。电气安全虽然涉及很多其他科学，但其主线总是围绕着电，其基本理论是电磁理论。随着科学技术的发展，电能已成为工农业生产和人民生活不可缺少的重要能源之一，电气设备的应用也日益广泛，人们接触电气设备的机会也随之增多。如果没有掌握安全用电知识，就很容易发生触电、火灾、爆炸等电气事故，以致影响生产、危及生命。因此，研究和探讨触电事故的种类和预防措施是十分必要的。

（1）触电事故的种类。

人体是导体，当人体接触到具有不同电位的两点时，由于电位差的作用，就会在人体内形成电流。这种现象就是触电。电流对人体的伤害有两种：即电击和电伤。电击是电流通过人体内部，影响呼吸、心脏和神经系统，引起人体内部组织的破坏，以致死亡。电伤主要指对人体外部的局部伤害，包括电弧烧伤、熔化金属渗入皮肤等伤害。这两类伤害在事故中也可能同时发生，尤其在高压触电事故中比较多，但绝大部分属电击事故。电击伤害严重程度与通过人体的电流大小、电流通过人体的持续时间、电流通过人体的途径、电流的频率以及人体的健康状况等因素有关。

电击：电击是最危险的触电事故，大多数触电死亡事故都是电击造成的。当人直接接触带电体，电流通过人体，使肌肉发生麻木、抽动，如不能立刻脱离电源，将使人体神经中枢受到伤害，引起呼吸困难、心脏麻痹，以致死亡。

电伤：电伤是电流的热效应、化学效应或机械效应对人体造成的伤害。电伤多见于人体外部，且在人体表面留下伤痕。其中电弧烧伤最为常见，也最为严重，可使人致残或致命。此外还有电烙印、烫伤、皮肤金属化等。

触电事故的发生多数是由于人直接碰到了带电体或者接触到因绝缘损坏而漏电的设备，站在接地故障点的周围，也可能造成触电事故。触电可分为以下几种：

① 人直接与带电体接触的触电事故

按照人体触及带电体的方式和电流通过人体的途径，此类事故可分为单相触电和两相触电。单相触电是指人体在地面或其他接地导体上，人体某一部分触及一相带电体而发生的事故。两相触电是指人体两处同时触及两带电体而发生的事故，其危险性较大。此类事故约占全部触电事故的 40%以上。

② 与绝缘损坏电气设备接触的触电事故

正常情况下，电气设备的金属外壳是不带电的，当绝缘损坏而漏电时，触及到这些外壳，就会发生触电事故，触电情况和接触带电体一样。此类事故占全部触电事故的 50%以上。

③ 跨步电压触电事故

当带电体接地有电流流入地下时，电流在接地点周围产生电压降，人在接地点周围两脚之间出现电压降，即造成跨步电压触电。

（2）电磁场事故。

电磁场伤害事故是由电磁波的能量造成的。人体在高频电磁场作用下，吸收辐射能量会受到不同程度的伤害。电磁辐射对人体的危害主要表现在它对人体神经系统的不良作用，其主要症状是神经衰弱，具体表现为头昏脑胀、无精打采、失眠多梦、疲劳无力，以及记忆力减退和情况沮丧等，有时还伴有头痛眼胀、四肢酸痛、食欲不振、脱发、多汗、体重下降等。人经常连续长时间看电视或计算机屏幕，尤其是在人的眼和耳疲劳后，为了看清楚而在更近的距离观看时，常会在第二天或一段时间里出现上述部分感觉或症状。国外医学研究表明，"使用电脑终端机每周超过 20 小时的妇女流产几率较高"。尽管其中有我们人体自然疲劳的因素，但电磁辐射的不良作用却是不能忽视的。在美国和前苏联的早期研究中，从事与电视、广播、雷达、导航、微波中继和通信等电磁辐射有关工作的人员普遍出现上述症状，而那时人们的生活中很少有家用电器。

电磁辐射除可能伤害人体外，还可能经过感应和能量传递引起电引爆线路和电引爆器件误动作，酿成灾害性爆炸。

（3）静电事故。

静电是指分布在电介质表面或体积内，以及在绝缘导体表面处于静止状态的电荷。静电现象是一种常见的带电现象，在工业生产中也较为普遍。一方面人们利用静电进行某些生产活动，例如应用静电进行除尘、喷漆、植绒、选矿和复印等；另一方面又要防止静电给生产带来危害，例如化工、石油、纺织、造纸、印刷、电子等行业生产中，传送或分离中的固体绝缘物料、输送或搅拌中的粉体物料、流动或冲刷中的绝缘液体、高速喷射的蒸汽或气体都会产生和积累危险的静电。静电电量虽然不大，但电压很高，容易产生火花放电，从而引起火灾、爆炸或电击。为了防止静电危害，化工企业必须做好静电安全工作，开展安全教育和培训，使职工懂得静电产生的原理和静电的危害，掌握防止静电危害的措施。

（4）雷电事故。

雷电是大气电，雷击是由大气中的电能造成的。雷击是一种自然灾害，它除了可以毁坏设备和设施外，也可以伤及人和畜，还可以引起火灾和爆炸。建筑物和构筑物都应有防雷措施。打雷闪电多发生在夏季，是从积雨云中发展起来的自然放电现象。关于雨云起电的原因有许多说法,大多数认为一方面是云中的霰粒与冰晶摩擦或霰粒使温度低于0℃的云滴在它上面碰撞而冻结,并在碰撞时表面飞出碎屑而引起。当冰晶的两头温度有差异时,热的一头氢离子扩散速度比氢氧根离子快而带负电,冷的一端则带正电,一旦冰晶断裂正负电将分居两个小残粒上。另一方面云滴在霰粒表面碰撞时冰壳外表面带正电内表面带负电,当外壳破碎时,破碎的壳屑带正电而霰粒表面带负电,碎壳因细小受到上升力的推动而积于云的上部,霰粒则因较重聚积于云的底部而形成电位差,当电位差达到几百米几千伏时,便有雷声及闪电,这就是雷电。云层与云层之间放电,虽然有很大的声响和强烈的闪电,但对人们危害不大,只有云层对大地放电才会使建筑物、电气设备或人畜等受到破坏和伤亡,其破坏作用由以下三方面引起:

① 直接雷击:是雷云直接对地面物体放电,雷击的时间虽然很短,只有万分之几到百分之几秒,但有很大的电流通过,可达100~200kA,使空气温度骤然升到1~2万℃,产生强烈的冲击波,造成房屋损坏,人畜伤亡。当雷电流通过有电阻或电感物体时,能产生很大的电压降和感应电压,破坏绝缘,产生火花,使设备损坏,甚至引起燃烧、爆炸,使危害进一步扩大。

② 感应放电:是附近落雷所引起的电磁作用的结果,可分为静电感应和电磁感应两种:

静电感应是由于建筑物上空有雷云时,建筑物会感应出与雷云所带电荷相反的电荷,雷云向地面开始放电后,在放电通路中的电荷迅速中和,但建筑物顶部的电荷不能立刻流散入地,便形成很高的电位,造成在建筑物内的电线、金属设备、金属管道放电,引起火灾、爆炸和人身事故。

电磁感应是当雷电流通过金属体入地时,形成强大的磁场,能使附近的金属导体感应出高电势,在导体回路的缺口引起火花。

③ 由架空线路引入高电位:架空线路在直接雷击或附近落雷而感应过电压时,如不设法在路途使大量电荷流散入地,就会沿架空线路引进屋内,造成房屋损坏或电气设备绝缘击穿等现象。

(5)电路故障。

电路故障是由电能传递、分配和转换失去控制造成的。电气线路或电气设备发生故障可能影响到人身安全,异常停电也可能影响到人身安全。这些虽然是电路故障,但从安全系统的角度考虑,同样应当注意这些不安全状态可能造成的事故。

目　　录

模块一　初识 PLC

学习了本模块之后，你将会⋯⋯

- 理解 PLC 的定义；
- 了解 PLC 在工业自动化中的发展历史、现状和发展趋势；
- 了解 PLC 有哪些主要特点、应用领域；
- 了解 PLC 的性能、分类及选型；
- 熟悉 PLC 硬件的构成，各部分的功能；
- 了解 PLC 的工作原理，熟悉 PLC 的扫描工作模式。

PLC 理实一体化实训室

任务一　从传统电气控制到 PLC

一、与 PLC 的初次会面

在如图 1-1 所示的控制系统中，可编程控制器（简称 PLC）在整个控制系统中起着怎样的作用呢？

在全集成化的控制系统中，PLC 是最基本的控制设备，收集来自现场各种传感器信号及操作者的控制信息作为输入信号，执行存储器中用户编写的程序，将程序执行后的结果输出，驱动相应电动阀门的开关、电动机的启动与调速等生产过程。

国际电工委员会（IEC）对 PLC 的定义是：可编程控制器是一种数字运算操作的电子系统，专为在工业环境下应用而设计。它采用可编程序的存储器，用来在其内部存储执行逻辑运算、顺序控制、定时、计数和算术运算等操作的指令，并通过数字的、模拟的输入和输出，控制各种类型的机械或生产过程。可编程控制器及其有关设备，都应按易于与工业控制系统形成一个整体易于扩充其功能的原则设计。

早期的 PLC 设计，虽然采用了计算机的设计思想，但只能进行逻辑控制，主要代替继电器控制系统，用在离散制造、工序控制等方面，侧重于开关量顺序控制，所以被称为可编程序逻辑控制器（Programmable Logic Controller）。近年来，随着微电子技术和计算机技术的迅猛发展，运算速度的提高，使 CPU 的运算能力赶上了工业控制计算机；通信能力的提高，发展了多种局部总线和网络（LAN），因而也可构成为一个集散系统。可编程序逻辑控制器不仅能实现逻辑控制，还具有了数据处理及通信等功能，又改称为可编程控制器，简称 PC（Programmable Controller）。但由于 PC 容易和个人电脑（Personal Computer）相混淆，故人们仍习惯用 PLC 作为可编程控制器的缩写。

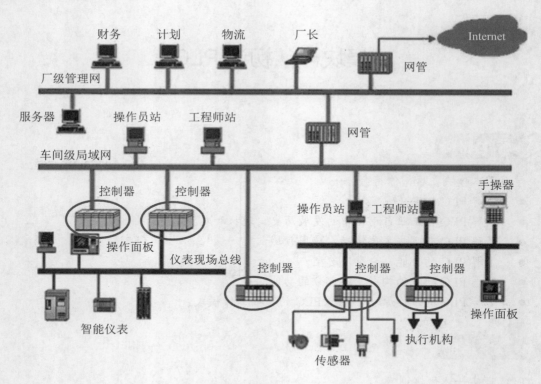

图 1-1　全集成控制系统图

　　本书介绍的 S7-200 系列 PLC，在自动化系统中拥有强大功能，使用范围可覆盖从替代继电器的简单控制到更复杂的自动化控制。应用领域极为广泛，覆盖所有与自动检测、自动化控制有关的工业及民用领域，包括各种机床、机械、电力设施、民用设施、环境保护设备等。如：冲压机床、磨床、印刷机械、橡胶化工机械、中央空调、电梯控制、运动系统等。图 1-2 为常见 PLC 外型图。

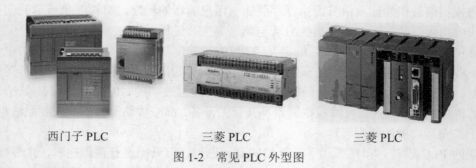

西门子 PLC　　　　　三菱 PLC　　　　　三菱 PLC

图 1-2　常见 PLC 外型图

二、从传统电气控制到 PLC

　　电气控制，是一个内容十分广泛的概念，电路的通断、电动阀门的开关、电动机的启动与调速等，都属于电气控制的范畴。传统的继电接触器控制系统具有结构简单、价格低廉、容易操作、技术难度较小等优点，被长期广泛地使用在工业控制的各种领域中。

　　下面分别用继电器控制元件和 PLC 设计了一个卷扬机的正反转控制电路。通过对控制原理的分析，认识什么是 PLC。图 1-3 为卷扬机正反转仿真图。

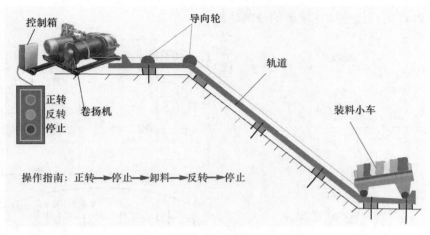

图 1-3　卷扬机正反转运行控制仿真图

从仿真图中可以看到，电动机正转时小车上行，电动机反转时小车下行。控制过程是：按下正转按钮，装料小车上行，上行到位后按下停止按钮，小车停止并卸料；卸料完成后按下反转按钮，装料小车下行，下行到位后按下停止按钮，小车停止并装料。

图 1-4 是继电器设计控制原理图。这种传统的继电器接触器控制方式控制逻辑清晰，采用机电合一的组合方式便于普通机类或电类技术人员维修，但由于使用的电气元件体积大、触点多、故障率大，因此，运行的可靠性较低。

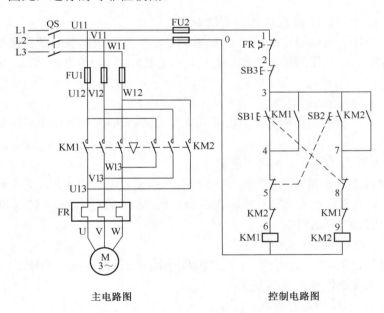

图 1-4　卷扬机正反转继电器控制系统图

图 1-5 是 PLC 控制原理图。两种控制原理图中的主电路是一样的，控制电路不相同，PLC 控制电路所有按钮和触点输入以及接触器线圈均接到了 PLC 上，从接线方面来看要简单得多，其控制功能是由 PLC 内部的程序决定，通过更换程序可以更改相应的控制功能，从这一点上看要比继电器控制电路方便得多。例如：要求电机停止 30s 后自动反向运行。对于继电器构成的控制回路则需要添加时间继电器，重新设计原理图并接线；而 PLC 控制回路可以不变接线，

只需要修改 PLC 内部程序即实现新的控制功能。

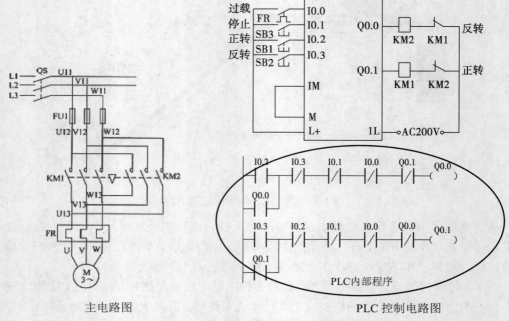

图 1-5　卷扬机正反转 PLC 控制系统图

电动机的传统控制方法和 PLC 控制方法的比较：

比较上面两个图，可以看出，使用 PLC 控制之后，我们所需要的硬件接线只是作为 PLC 输入的操作者控制信号和作为输出的控制电动机运行的信号。这种控制方式的改变，使这两者之间有许多不同：

（1）PLC 控制系统结构紧凑。

继电器接触器控制系统使用电器多，体积大且故障率大；PLC 控制系统结构紧凑，使用电器少，体积小。

（2）PLC 内部大部分采用"软"逻辑。

继电器接触器控制全部用"硬"器件、"硬"触点和"硬"线连接，为全硬件控制，机械式触点动作慢，弧光放电严重；PLC 内部大部分采用"软"器件、"软"触点和"软"线连接，为软件控制，"软"触点动作快。

（3）PLC 控制功能改变极其方便。

继电器接触器控制功能改变，需拆线接线乃至更换元器件，比较麻烦；PLC 控制功能改变，一般只需修改程序便可，极其方便。

（4）PLC 控制系统制造周期短。

PLC 控制系统由于结构简单紧凑，基本为软件控制，因此设计、施工与调试比继电器接触器控制系统周期短。

此外，由于 PLC 技术是在计算机控制的基础上发展而来，因此，它的软硬件设置上有着传统的继电器接触器控制无法比拟的优势，工作可靠性极高。

三、追寻 PLC 的发展史

1. 产生

20 世纪 60 年代末期，美国的汽车制造工业竞争异常激烈。为了适应生产工艺不断更新的需要，降低成本，缩短新产品的开发周期，美国通用汽车公司（GM 公司）在 1968 年提出了招标开发研制新型顺序逻辑控制装置的十条要求，它就是有名的十条招标指标。主要内容如下：

（1）编程简单，可在现场修改和调试程序。

（2）维护方便，各部件最好是插件式的装置。

（3）可靠性高于继电器控制柜。

（4）体积小于继电器控制柜。

（5）可将数据直接送入管理计算机。

（6）在成本上可与继电器控制柜竞争。

（7）输入可以是交流 115V（注：美国电网电压为 110V）。

（8）输出为交流 115V、2A 以上，能直接驱动电磁阀。

（9）具有灵活的扩展能力，在扩展时原系统只需做很少的变更。

（10）用户程序存储容量至少能扩展到 4KB（根据当时的汽车装配过程的要求提出的）。

从这些指标看，GM 公司希望研制出一种控制装置，使汽车生产流水线在汽车型号不断翻新的同时，尽可能减少重新设计继电器控制系统和重新接线的工作，并设想把计算机的灵活、通用、功能完备等优点与继电器控制系统的简单易懂、操作方便、价格便宜等优点结合起来，研制成一种通用的控制装置，且把计算机的编程方法和程序输入方式加以简化，用面向问题的"自然语言"进行编程，使得不熟悉计算机的人也能很方便地使用。它也反映了自动化工业及其他各类制造工业用户的要求和愿望。

1969 年，美国数字设备公司（DEC 公司）根据十项招标的要求，研制出世界上第一台可编程控制器，型号为 PDP-14。用它代替传统的继电器控制系统，在美国通用汽车公司的自动装配线上试用，获得了成功。PLC 的出现引起了世界各国的普遍重视，日本和西欧国家通过引进技术也分别于 1971 和 1973 年研制出自己的可编程控制器。从此 PLC 装置遍及世界各发达国家的工业现场。我国对此项技术的研究始于 1974 年，3 年后进入工业应用阶段。

2. 发展

从 PLC 产生到现在，已发展到第四代产品。其过程基本可分为：

第一代 PLC（1969 年～1972 年）：大多用一位机开发，用磁芯存储器存储，只具有单一的逻辑控制功能，机种单一，没有形成系列化。

第二代 PLC（1973 年～1975 年）：采用了 8 位微处理器及半导体存储器，增加了数字运算、传送、比较等功能，能实现模拟量的控制，开始具备自诊断功能，初步形成系列化。

第三代 PLC（1976 年～1983 年）：随着高性能微处理器及位片式 CPU 在 PLC 中的大量使用，PLC 的处理速度大大提高，从而促使它向多功能及联网通信方向发展，增加了多种特殊功能，如浮点数运算、三角函数、表处理、脉宽调制输出等，自诊断功能及容错技术发展迅速。

第四代 PLC（1983 年～现在）：不仅全面使用 16 位、32 位高性能微处理器，高性能位片式微处理器，RISC（Reduced Instruction Set Computer）精简指令系统 CPU 等高级 CPU，而且在一台 PLC 中配置多个微处理器，进行多通道处理，同时生产了大量内含微处理器的智能模块，使得第四代 PLC 产品成为具有逻辑控制功能、过程控制功能、运动控制功能、数据处理功能、联网通信功能的真正名符其实的多功能控制器。

　　正是由于 PLC 具有多种功能，并集三电（电控装置、电仪装置、电气传动控制装置）于一体，使得 PLC 在工厂中备受欢迎，用量高居首位，成为现代工业自动化的三大支柱（PLC、机器人、CAD/CAM）之一。

　　现在世界上生产 PLC 的厂家有 200 多个，生产大约 400 多个品种的 PLC 产品，著名厂家有西门子、欧姆龙、三菱、施耐德等。其中在美国注册的厂商超过 100 多家，生产大约 200 多个品种的 PLC；日本有 70 家左右的 PLC 厂商，生产 200 多个品种；欧洲注册的厂家有十几个，生产几十个品种的 PLC。在世界范围内，PLC 产品的产量、销量、用量高居各种工业控制装置榜首，市场需求量一直按每年 15%的比率上升。

　　目前国产 PLC 厂商众多，主要集中在台湾、深圳以及江浙一带。例如：台湾的台达、永宏、盟立、安控等，以及江苏信捷的集 PLC 和 TP 功能于一体的 XP 系列一体机、厦门 Haiwell（海为)E 系列(经济型)和 S 系列、深圳合信自动化的 CTS7-200PLC/CTS7-100PLC/ CTSC-200/ TS7-300PLC、浙大中控、广州和利时、深圳爱默生等多种产品已具备了一定的规模并在工业产品中获得了应用。可以预期，随着我国现代化进程的深入，PLC 在我国将有更广阔的应用天地。

　　3. 展望

　　展望 21 世纪，PLC 会有更大的发展。

　　从技术上看，计算机技术的新成果会更多地应用于可编程控制器的设计和制造上，会有运算速度更快、存储容量更大、智能更强的品种出现；

　　从产品规模上看，会进一步向超小型及超大型方向发展；从产品的配套性上看，产品的品种会更丰富、规格更齐全，完美的人机界面、完备的通信设备会更好地适应各种工业控制场合的需求；

　　从市场上看，各国各自生产多品种产品的情况会随着国际竞争的加剧而打破，出现少数几个品牌垄断国际市场的局面，并出现国际通用的编程语言；

　　从网络的发展情况来看，可编程控制器和其他工业控制计算机组网构成大型的控制系统是可编程控制器技术的发展方向。目前的计算机集散控制系统 DCS（Distributed Control System）中已有大量的可编程控制器应用。伴随着计算机网络的发展，可编程控制器作为自动化控制网络和国际通用网络的重要组成部分，将在工业及工业以外的众多领域发挥越来越大的作用。

　　综述：☞作为传统继电器的替代产品出现的；

　　　　　☞集计算机技术、自动控制技术和通信技术为一体的产物；

　　　　　☞新型的、通用的工业自动化装置；

　　　　　☞现代工业生产自动化三大支柱（PLC、CAD/CAM、机器人）之一。

　　任务二　了解 PLC 的主要特点及应用

　　一、PLC 主要特点

　　PLC 的设计是站在用户立场，以用户需要为出发点，以直接应用于各种工业环境为目标，同时又不断采用先进技术求发展。可编程控制器经过近四十年的发展，已日臻完善。其主要特点为：

　　（1）可靠性高、抗干扰能力强。

　　PLC组成的控制系统用软件代替了传统的继电器控制系统中复杂的硬件线路,故使用PLC

的控制系统故障率明显低于继电器控制系统。另一方面，PLC 本身采用了抗干扰能力强的微处理器做 CPU，电源采用多级滤波并采用集成稳压块稳压，以适应电网电压的波动；输入输出采用光电隔离技术；工业应用的 PLC 还采用了较多的屏蔽措施。此外，PLC 带有硬件故障自我检测功能，出现故障时可及时发出警报信息。由于采取了以上措施，使得 PLC 有很强的抗干扰能力，从而提高了整个系统的可靠性。

（2）编程简单易学。

PLC 的最大特点之一，就是采用易学易懂的梯形图语言。这种编程方式既继承了传统的继电器控制线路的清晰直观感，又考虑到了大多数技术人员的读图习惯，即使没有计算机基础的人也很容易学会，故很容易在厂矿企业中推广使用。

（3）使用维护方便。

①硬件配置方便。PLC 的硬件都是生产厂家按一定标准和规格生产的。硬件可按实际需要配置，到市场上可方便地买到。PLC 的硬件配置采用模块化组合结构，使系统构成十分灵活，可根据需要任意组合。

②安装方便。内部不需要接线和焊接，只要编程就可以使用。

③使用方便。接点的使用不受次数限制，内部器件可多到使用户感不到有什么限制，只需考虑输入、输出点数即可。

④维护方便。PLC 配有很多监控提示信号，能检查出系统自身的故障，并随时显示给操作人员且能动态地监视控制程序的执行情况，为现场的调试和维护提供了方便，而且接线少，维修时只需更换插入式模块，维护方便。

（4）体积小、重量轻、功耗低。

由于 PLC 是专门为工业控制而设计的，其结构紧凑、坚固，体积小巧，易于装入机械设备内部，是实现机电一体化的理想控制设备。

（5）设计施工周期短。

PLC 用存储逻辑代替接线逻辑，大大减少了控制设备外部的接线，使控制系统设计及建造的周期大为缩短，同时维护也变得容易。更重要的是使同一设备经过改变程序进而改变生产过程成为可能。这很适合多品种、小批量的生产场合。正是由于有了上述优点，使得 PLC 受到了广泛的欢迎。

二、PLC 的应用领域

PLC 在国内外已广泛应用于钢铁、采矿、石化、电力、机械制造、汽车制造、环保及娱乐等各行各业。其应用大致可分为以下几种类型：

（1）用于逻辑开关和顺序控制。

这是 PLC 最基本、最广泛的应用领域，它取代传统的继电器电路，实现逻辑控制、顺序控制，既可用于单台设备的控制，也可用于多机群控及自动化流水线。PLC 可取代传统继电接触器控制，如：机床电气、电机控制等；亦可取代顺序控制，如：高炉上料、电梯控制等。

（2）机械位移控制。

位移控制是指 PLC 使用专用的位移控制模块来控制驱动步进电机或伺服电机，实现对机械构件的运动控制。世界上各主要 PLC 厂家的产品几乎都有运动控制功能，广泛用于各种机械手、数控机床、机器人、电梯等场合。

（3）数据处理。

现代 PLC 具有数学运算（含矩阵运算、函数运算、逻辑运算）、数据传送、数据转换、排序、查表、位操作等功能，可以完成数据的采集、分析及处理。这些数据可以与存储在存储器中的参考值比较，完成一定的控制操作，也可以利用通信功能传送到别的智能装置，或将它们打印制表。数据处理一般用于大型控制系统，如无人控制的柔性制造系统；也可用于过程控制系统，如造纸、冶金、食品工业中的一些大型控制系统。

（4）用于模拟量的控制。

PLC 具有 D/A、A/D 转换及算术运算功能，可实现模拟量控制。现在大型的 PLC 都配有 PID（比例、积分、微分）子程序或 PID 模块，可实现单回路、多回路的调节控制。

（5）用于组成多级控制系统，实现工厂自动化网络。

PLC 通信含 PLC 间的通信及 PLC 与其他智能设备间的通信。随着计算机控制的发展，工厂自动化网络发展得很快，各 PLC 厂商都十分重视 PLC 的通信功能，纷纷推出各自的网络系统。新近生产的 PLC 都具有通信接口，通信非常方便，可以实现对整个生产过程的信息控制和管理。

任务三　了解 PLC 的性能及选型

我们在一个控制系统里使用 PLC，PLC 种类很多，功能不同，如何根据我们的控制要求选用我们需要的 PLC 呢？

一、PLC 的性能指标

虽然各 PLC 生产厂家产品的型号、规格和性能各不相同，通常可以按照以下七种性能指标来进行综合描述。

（1）I/O 点数。

输入/输出点数是指 PLC 输入信号和输出信号的数量，也就是输入、输出端子数总和。这是一项很重要的技术指标，因为在选用 PLC 时，要根据控制对象的 I/O 点数要求确定机型。PLC 的 I/O 点数包括主机的 I/O 点数和最大扩展点数，主机的 I/O 点数不够时可扩展 I/O 模块，但因为扩展模块内一般只有接口电路、驱动电路而没有 CPU，它通过总线电缆与主机相连，由主机的 CPU 进行寻址，故最大扩展点数受 CPU 的 I/O 寻址能力的限制。

（2）存储容量。

存储容量是指 PLC 中用户程序存储器的容量，也就是用户 RAM 的存储容量。一般以 PLC 所能存放用户程序的多少来衡量内存容量。在 PLC 中程序指令是按"步"存放的（一条指令往往不止 1"步"），1"步"占一个地址单元，一个地址单元一般占两个字节（16 位的 CPU），所以 1"步"就是一个字。例如，一个内存容量为 1000 步的 PLC，可推知其内存为 2K 字节。

应注意到"内存容量"实际是指用户程序容量，它不包括系统程序存储器的容量。程序容量与最大 I/O 点数大体成正比。

（3）扫描速度。

扫描速度一般指执行一步指令的时间，单位为 μs/步。有时也以执行 1000 步指令的时间计，其单位为 ms/千步。PLC 用户手册一般给出执行各条指令所用的时间，可以通过比较各种 PLC 执行相同操作所用的时间，来衡量扫描速度的快慢。

（4）编程语言与指令系统。

PLC 的编程语言一般有梯形图、助记符、SFC（Sequential Function Chart）以及高级语言等。PLC 的编程语言越多，用户的选择性就越大。但是不同厂家，采用的编程语言往往不兼容。PLC 中指令功能的强弱、数量的多少是衡量 PLC 软件性能强弱的重要指标。编程指令的功能越强，数量越多，PLC 的处理能力和控制能力也就越强，用户编程也就越简单，越容易完成复杂的控制任务。

（5）内部寄存器。

PLC 内部有许多寄存器，用以存放输入/输出变量的状态、逻辑运算的中间结果、定时器/计数器的数据等。还有许多辅助寄存器给用户提供特殊功能，以简化整个系统设计。内存寄存器的种类多少、容量大小和配置情况是衡量 PLC 硬件功能的一个主要指标。内部寄存器的种类与数量越多，表示 PLC 的存储和处理各种信息的能力越强。

（6）功能模块。

PLC 除了主控模块（又称为主机或主控单元）外，还可以配接各种功能模块。主控模块可实现基本控制功能，功能模块的配置则可实现一些特殊的专门功能。因此，功能模块的配置反映了 PLC 的功能强弱，是衡量 PLC 产品档次高低的一个重要标志。目前各生产厂家都在开发模块上下了很大功夫，使其发展很快，种类日益增多，功能也越来越强。常用的功能模块主要有：A/D 和 D/A 转换模块、高速计数模块、位置控制模块、速度控制模块、轴定位模块、温度控制模块、远程通信模块、高级语言编辑模块以及各种物理量转换模块等。这些功能模块使 PLC 不但能进行开关量顺序控制，而且能进行模拟量的控制、定位控制和速度控制，还有了网络功能，能实现 PLC 之间、PLC 与计算机之间的通信，可直接用高级语言编程，给用户提供了强有力的工具支持。

（7）可扩展能力。

PLC 的可扩展能力主要包括 I/O 点数的扩展、存储容量的扩展、联网功能的扩展和各种功能模块的扩展等。在选择 PLC 时，经常需要考虑到 PLC 的可扩展性。

二、PLC 的分类

可编程控制器产品的种类很多，一般可以从它的结构形式、输入/输出点数及功能分类。

（1）按结构形式分类。

由于可编程控制器是专门为工业环境应用而设计的，为了便于现场安装和接线，其结构形式与一般计算机有很大的区别。主要有整体式和模块式两种结构形式。

整体式 PLC：又称单元式或箱体式，如图 1-6 所示。整体式 PLC 是将电源、CPU、I/O 部件都集中装在一个机箱内。一般小型 PLC 采用这种结构。特点是结构紧凑、体积小、重量轻、价格低。

图 1-6　整体式 PLC 外观图

模块式 PLC：将各部分以单独的模块分开，形成独立单元，使用时可将这些单元模块分别插入机架底板的插座上，如图 1-7 所示。特点是组装灵活，便于扩展，维修方便，可根据要求配置不同模块以构成不同的控制系统。一般大、中型 PLC 采用模块式结构，有的小型 PLC 也采用这种结构。

主基板

模块式 PLC

图 1-7　模块式 PLC 外观图

（2）按输入/输出点数和内存容量分类。

为适应不同工业生产过程的应用要求，可编程控制器能够处理的输入/输出点数是不一样的。按输入/输出点数的多少和内存容量的大小，可分为微型机、小型机、中型机、大型机、超大型机等类型。

I/O 点数小于 32 为微型 PLC；

I/O 点数在 32～128 间为微小型 PLC；

I/O 点数在 128～256 间为小型 PLC；

I/O 点数在 256～1024 间为中型 PLC；

I/O 点数大于 1024 为大型 PLC；

I/O 点数在 4000 以上为超大型 PLC。

以上划分不包括模拟量 I/O 点数，且划分界限不是固定不变的。不同的厂家也有自己的分类方法。

三、PLC 的选型

（1）PLC 类型的选择。

从应用角度出发，通常可按控制功能或输入/输出点数选型。整体式 PLC 的 I/O 点数固定，因此用户选择的余地较小，用于小型控制系统；模块式 PLC 提供多种 I/O 卡件或插卡，因此用户可以较合理地选择和配置控制系统的 I/O 点数，功能扩展方便灵活，一般用于大中型控制系统。

（2）输入/输出模块的选择。

输入/输出模块的选择应考虑与应用要求的统一。例如对输入模块，应考虑信号电平、信号传输距离、信号隔离、信号供电方式等应用要求；对输出模块，应考虑选用的输出模块类型，通常继电器输出模块具有价格低、使用电压范围广、寿命短、响应时间较长等特点；可控硅输出模块适用于开关频繁，电感性低功率因数负荷场合，但价格较贵，过载能力较差。输出模块还有直流输出、交流输出和模拟量输出等，与应用要求应一致。

可根据应用要求，合理选用智能型输入/输出模块，以便提高控制水平和降低应用成本。

考虑是否需要扩展机架或远程 I/O 机架等。

（3）电源的选择。

PLC 的供电电源，除了引进设备的同时引进 PLC 应根据产品说明书要求设计和选用外，一般 PLC 的供电电源应设计、选用 220V AC 电源，与国内电网电压一致。重要的应用场合，应采用不间断电源或稳压电源供电。

如果 PLC 本身带有可使用电源时，应核对提供的电流是否满足应用要求，否则应设计外接供电电源。为防止外部高压电源因误操作而引入 PLC，对输入和输出信号的隔离是必要的，有时也可采用简单的二极管或熔丝管隔离。

（4）存储器的选择。

由于计算机集成芯片技术的发展，存储器的价格已下降，因此，为保证应用项目的正常投运，一般要求 PLC 的存储器容量按 256 个 I/O，点至少 8K 存储器选择。需要复杂控制功能时，应选择容量更大、档次更高的存储器。

（5）经济性的考虑。

选择 PLC 时，应考虑性能价格比。考虑经济性时，应同时考虑应用的可扩展性、可操作性、投入产出比等因素，进行比较和兼顾，最终选出较满意的产品。

输入/输出点数对价格有直接影响。每增加一块输入/输出卡件就需增加一定的费用。当点数增加到某一数值后，相应的存储器容量、机架、母板等也要相应增加，因此，点数的增加对CPU 选用、存储器容量、控制功能范围等选择都有影响。

任务四　熟悉 PLC 内部结构及工作原理

PLC 是以微处理器为核心的计算机控制系统，作为计算机系统，它同样由硬件系统和软件系统两部分构成。虽然各厂家硬件产品种类繁多，功能和指令系统存在差异，但其组成和基本工作原理大同小异。

一、PLC 的内部硬件结构

PLC 是一种适用于工业控制的专用电子计算机，采用了典型的计算机结构，内部系统结构如图 1-8 所示。PLC 的硬件主要由中央处理器（CPU）、存储器、输入/输出接口、通信接口、扩展接口和电源等部分组成。

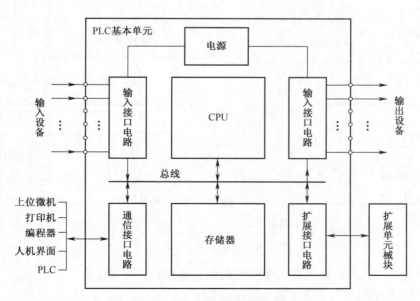

图 1-8　PLC 的硬件系统结构

1. 中央处理器 CPU（Central Processing Unit）

CPU 是整个 PLC 的核心，与微机一样，CPU 在整个 PLC 控制系统中的作用就像人的大脑一样，是一个控制指挥的中心。在 PLC 中，CPU 是按照固化在 ROM 中的系统程序所设计的功能来工作的，它能监测和诊断电源、内部电路工作状态和用户程序中的语法错误，并按照扫描方式执行用户程序。

2. 存储器（Memory）

PLC 的存储器由系统存储器和用户存储器组成。

系统存储器用来存放系统管理程序，完成系统诊断、命令解释、功能子程序调用管理、逻辑运算、通信及各种参数设定等功能。其内容由生产厂家固化到 ROM、PROM 或 EPROM 中，用户不能修改。

用户存储器包括用户程序存储器和数据存储器，用来存放用户编制的梯形图程序或用户数据，一般由 RAM、EPROM、EEPROM 构成。RAM 是随机存取存储器，它工作速度高、价格低、改写方便，为防止掉电时信息的丢失，常用高效的锂电池作后备电池。

由于系统程序及工作数据与用户无直接联系，所以在 PLC 产品样本或使用手册中所列存储器的形式及容量是指用户存储器。当 PLC 提供的用户程序存储器容量不够用，PLC 增加内部为 EPROM 和 EEPROM 的存储器扩充卡盒，来实现用户程序存储器的扩展。

3. 输入/输出接口电路

输入/输出接口就是将 PLC 与现场各种输入/输出设备连接起来的部件。PLC 应用于工业现场，要求其输入能将现场的输入信号转换成微处理器能接收的信号，且最大限度地排除干扰信号，提高可靠性；输出能将微处理器送出的弱电信号放大成强电信号，以驱动各种负载，因此 PLC 采用了专门设计的输入/输出接口电路。常用的输入/输出接口电路如图 1-9 所示。

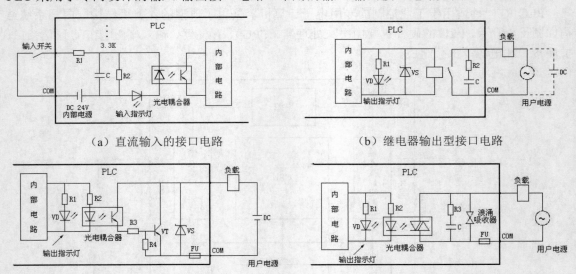

（a）直流输入的接口电路   （b）继电器输出型接口电路

（c）晶体管输出型接口电路   （d）晶闸管输出型接口电路

图 1-9   常用的 PLC 接口电路

（1）输入接口电路。输入接口电路一般由光电耦合电路和微电脑输入接口电路组成。

采用光电耦合电路实现了现场输入信号与 CPU 电路的电气隔离，增强了 PLC 内部与外部电路不同电压之间的电气安全，同时通过电阻分压及 RC 滤波电路，可滤掉输入信号的高频抖动和降低干扰噪声，提高了 PLC 输入信号的抗干扰能力。图 1-9（a）所示为直流输入的接口电路。

（2）输出接口电路。输出接口电路一般由 CPU 输出电路和功率放大电路组成。

CPU 输出接口电路同样采用了光电耦合电路，使 PLC 内部电路在电气上是完全与外部控制设备隔离的，有效地防止了现场的强电干扰，以保证 PLC 能在恶劣的环境下可靠地工作。

功率放大电路是为了适应工业控制的要求，将 CPU 输出的信号加以放大，用于驱动不同动作频率和功率要求的外部设备。PLC 一般有三种输出类型的 PLC，即继电器输出、晶体管输出和晶闸管输出。分别如图 1-9 中的（b）、（c）、（d）所示。其中继电器输出型为有触点输出方式，可用于接通或断开开关频率较低的大功率直流负载或交流负载回路，负载电流约为 2A（AC 220V）；晶闸管输出型和晶体管输出型为无触点输出方式，开关动作快、寿命长，可用于接通和断开开关频率较高的负载回路。其中晶闸管输出型常用于带交流电源的大功率负载，负载电流约为 1A（AC 220V）；晶体管输出型则用于带直流电源的小功率负载，负载电流约为 0.5A（DC 24V）。

4. 电源

PLC 配有开关电源，供内部电路使用。与普通电源相比，PLC 电源的稳定性好、抗干扰能力强；对电网提供的电源稳定度要求不高，一般允许电源电压在其额定值 ±15% 的范围内波动。许多 PLC 还向外提供直流 24V 稳压电源，用于对外部传感器供电。

5. 其他接口电路

通信接口电路：PLC 通过这些通信接口可与监视器、打印机、其他 PLC、计算机等设备实现通信。PLC 与打印机连接，可将过程信息、系统参数等输出打印；与监视器连接，可将控制过程图像显示出来；与其他 PLC 连接，可组成多机系统或连成网络，实现更大规模控制；与计算机连接，可组成多级分布式控制系统，实现控制与管理相结合。远程 I/O 系统也必须配备相应的通信接口模块。

扩展接口电路：PLC 基本单元模块与其他功能模块连接的接口，以扩展 PLC 的控制功能。常用的 PLC 模块有：I/O（输入/输出）模块、高速计数模块、闭环控制模块、运动控制模块、中断控制模块等。

二、PLC 的基本工作原理

1. PLC 的工作方式

PLC 采用循环扫描工作方式，即按照"顺序扫描，不断循环"的方式进行工作。PLC 运行时，CPU 根据用户按控制要求编制好并存于用户存储器中的程序，按指令步序号（或地址号）作周期性循环扫描，如无跳转指令，则从第一条指令开始逐条顺序执行用户程序，直至程序结束。然后重新返回第一条指令，开始下一轮新的扫描。在每次扫描过程中，还要完成对输入信号的取样和对输出状态的刷新等工作。整个工作过程可分为自诊断、通信服务、输入处理、程序执行、输出处理五个阶段，如图 1-10 所示。

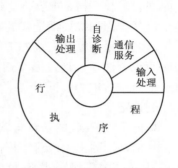

图 1-10　PLC 循环扫描示意图

（1）自诊断。每次扫描用户程序之前，都先执行故障自诊断程序。自诊断内容包括 I/O 部分、存储器、CPU 等，并且通过 CPU 设置定时器来监视每次扫描是否超过规定的时间。若发现异常停机，显示出错；若自诊断正常，继续向下扫描。

（2）通信服务。PLC 检查是否有与编程器、计算机等相关的通信要求，若有则进行相应处理。

（3）输入处理（又称输入刷新）。PLC 在输入刷新阶段，首先按顺序从输入锁存器中读入所有输入端子的状态或数据，并将其存入内存中为其专门开辟的暂存区——输入状态映像区中，这一过程称为输入采样或输入刷新。随后关闭输入端口，进入程序执行阶段。在程序执行阶段，即使输入端状态有变化，输入状态映像区中的内容也不会改变。变化了的输入信号的状态只能在下一个扫描周期的输入刷新阶段被读入。

（4）程序执行。PLC 在程序执行阶段，按用户程序顺序执行每条指令，从输入状态映像区中读取输入信号的状态，经过相应的运算处理后，将结果写入输出状态映像区。程序执行时CPU 并不直接处理外部输入/输出接口中的信号。

（5）输出处理（又称输出刷新）。同输入状态映像区一样，PLC 内存中也有一块专门的区域称为输出状态映像区，当程序所有指令执行完毕，输出状态映像区中所有输出继电器的状态在 CPU 的控制下被一次集中送至输出锁存器中，并通过一定输出方式输出，推动外部相应执行元件工作，这就是 PLC 的输出刷新阶段。

可以看出，PLC 在一个扫描周期内，对输入状态的扫描只是在输入采样阶段进行，对输出赋的值也只有在输出刷新阶段才能被送出，而在程序执行阶段输入/输出被封锁。这种方式称作"集中采样、集中输出"。

2. 扫描周期

扫描周期即完成一次扫描所需时间。由 PLC 的工作过程可知，一个完整的循环扫描周期T 应为：

$$T=（读入一点时间×输入点数）+（运算速度×程序步数）$$
$$+（输出一点时间×输出点数）+监视服务时间$$

扫描周期的长短主要取决于三个因素：一是 CPU 执行指令的速度；二是每条指令占用的时间；三是执行指令条数的多少，即用户程序的长短。扫描周期越长，系统的响应速度越慢。小型 PLC 的扫描周期一般为十几毫秒到几十毫秒，这对于一般的开关量控制系统来说是完全允许的，不但不会造成影响，反而可以增强系统的抗干扰能力。这是因为输入采样仅在输入刷新阶段进行，PLC 在一个工作周期的大部分时间里实际上是与外设隔离的。而工业现场的干扰常常是脉冲式的、短时的，由于系统响应较慢，往往要几个扫描周期才响应一次，而多次扫描后，因瞬间干扰而引起的误动作将会大大减少，从而提高了系统的抗干扰能力。但是对于控制时间要求较严格、响应速度要求较快的系统，就需要精心编制程序，必要时采取一些特殊功能，以减少因扫描周期造成的响应滞后的不良影响。

总之，采用循环扫描的工作方式，是 PLC 区别于微机和其他控制设备的最大特点，在学习时应充分注意。通过循环扫描工作方式，有效地实现了输入信号的延时滤波作用，提高了PLC 的抗干扰能力，同时要求输入信号的接通时间至少保持一个扫描周期以上的时间。

阅读吧

如何下载 PLC 的资料与软件？

目前，国际上生产可编程控制器的厂家大多具有专业网站，可提供相关技术支持与讨论，并可从网站中下载一些免费资料或软件。西门子 PLC 的相关资料可在其下载中心网站http://www.ad.siemens.com.cn/download/docMessage.aspx 下载；西门子工业业务领域的网站是http://www.industry.siemens.com.cn/home/cn/zh/Pages/industry.aspx。三菱电机公司的 PLC 资料可在其工控网站 www.meau.com 下载；三菱电机自动化（上海）有限公司的网址是：http://cn.mitsubishielectric.com/fa/zh/。中国工业自动化网：http://www.zdh168.com/，中国工控网 http://www.chinakong.com/等专题网站也可下载 PLC 相关资料，同时提供了同行交流的平台。

思考与练习

1．选择题

（1）第一台 PLC 产生的时间是（　　）。

　　A．1967 年　　　　　B．1968 年　　　　　C．1969 年　　　　　D．1970 年

（2）PLC 控制系统能取代继电器控制系统的（　　）部分。

　　A．完全取代　　　　B．主回路　　　　　C．接触器　　　　　D．控制回路

（3）在 PLC 中程序指令是按"步"存放的，如果程序为 8000 步，则需要存储单元（　　）K。

　　A．8　　　　　　　　B．16　　　　　　　C．4　　　　　　　　D．2

（4）一般情况下在对 PLC 进行分类时，I/O 点数为多少点时，可以看作大型 PLC。（　　）

　　A．128 点　　　　　B．256 点　　　　　C．512 点　　　　　D．1024 点

（5）对以下四个控制选项进行比较，选择 PLC 控制会更经济、更有优势的是（　　）。

　　A．4 台电动机　　　B．6 台电动机　　　C．10 台电动机　　　D．10 台以上电动机

2．简答题

（1）什么是可编程控制器？它有哪些主要特点？

（2）PLC 是如何分类的？

（3）PLC 有哪些主要技术指标？

（4）PLC 与继电器控制器比较有哪些优点？

（5）简述 PLC 的硬件组成及各部分的功能。

（6）输入接口和输出接口电路各有哪几种形式？各有何特点？

（7）简述 PLC 的工作原理是什么？工作过程分哪几个阶段。在一个扫描周期中，如果在程序执行期间输入状态发生变化，输入映像寄存器的状态是否也随之改变？为什么？

模块二 电动机 PLC 控制系统的设计与调试

 学习目标

学习了本模块后，你将会……
- 了解 S7-200 系列 PLC 的硬件配置；
- 掌握 S7-200 系列 PLC 的内部软元件；
- 了解 S7-200 系列 PLC 指令系统的类型；熟悉梯形图的编程规则；
- 掌握基本逻辑指令的应用，为解决中等难度的问题打下良好的基础；
- 掌握 PLC 的接线，能够熟练运用编程软件进行联机调试。

 教学场地

PLC 理实一体化实训室

项目一 三相异步电动机连续控制系统设计与调试

项目目标

通过本项目的学习，学生应掌握以下职业能力：
- 通过国家标准、网络、现场及其他渠道收集信息；
- 在团队协作中正确分析、解决 PLC 控制系统设计、编程、调试等实际问题；
- 学会给 S7-200 系列 PLC 供电、输入/输出接线以及扩展模块与 PLC 的连接；
- 掌握 PLC 编程中最基本的位逻辑的格式与功能；
- 学会使用 STEP 7-Micro/WIN 编程软件；
- 掌握用 PLC 进行三相异步电动机的运转控制的方法，实现喷泉的 PLC 控制；
- 企业需要的基本职业道德和素质；
- 主动学习的能力、心态和行动。

项目要求

在花园中要安装一个小型喷泉，水泵是一台小功率的三相异步电动机（额定电压 380V、额定功率 5.5kW、额定转速 1378r/min，额定频率 50Hz）。要求按下启动按钮，喷泉连续喷涌，按下停止按钮，喷泉停止喷水。请用 PLC 实现水泵的单向连续运行控制，如图 2-1-1 所示。

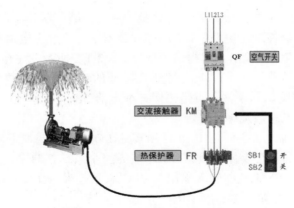

图 2-1-1　喷泉水泵实物回路图

项目分析

在电力拖动系统中，采用继电器控制方式实现对三相异步电动机的连续控制，如图 2-1-2 所示。通常将继电器控制电路分为主电路和控制电路两部分。合上断路器 QF 后，按下启动按钮 SB1，KM 得电吸合，电机运行；松开按钮 SB1，因在启动按钮两端并联了接触器 KM 的常开触点，为 KM 导通提供了另一条供电通路，从而实现了控制回路的自保持，电动机可以保持连续运行；按下停止按钮 SB2，KM 失电断开，电机停止运行。这是典型的电动机单向连续运行控制电路。其中，控制核心器件是电磁式交流接触器 KM，它是通过电磁线圈产生吸力，带动触头动作的。

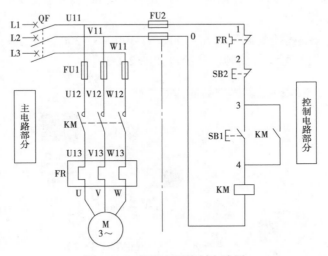

图 2-1-2　喷泉水泵控制电路图

以上是用继电器电路实现电动机连续运行控制的工作原理，本项目用 S7-200 PLC 来实现电机的单向连续运行控制。

项目实施

步骤一　主电路设计

在 PLC 应用设计中应首先考虑主电路的设计，主电路是为电动机提供电能的通路，具有高电压、大电流的特点，主要由断路器、接触器、热保护继电器等器件组成，是 PLC 中不能取代的，主电路同继电器控制主电路图，如图 2-1-2 所示。通过主电路中所选用电气元件的数量和类型，为确定 PLC 输入、输出点数提供了依据。图 2-1-2 所示的主电路采用了 3 个元件（断路器、接触器、热保护继电器），可以确定主电路需要的输入/输出点数为 2 个，一个输出点用来控制接触器 KM 的线圈，一个输入点是热保护继电器 FR 的辅助触点。

步骤二　确定 I/O 点总数及地址分配

在步骤一中，仅仅确定了主回路中 PLC 所需的 I/O 点数。控制回路中有两个控制按钮，一个是启动按钮 SB1，另一个是停止按钮 SB2。这样整个系统总的输入点数为 3 个，输出点数为 1 个，全部为开关量。要把这些输入输出与 PLC 联系起来，就要对以上 4 个输入输出点进行地址分配。I/O 地址分配如表 2-1-1 所示。

表 2-1-1　I/O 地址分配表

	输入信号			输出信号	
1	I0.0	启动按钮 SB1	1	Q0.0	接触器　KM
2	I0.1	停止按钮 SB2			
3	I0.2	热保护继电器 FR			

步骤三　PLC 选型

在本项目中，选用德国西门子公司生产的小型 PLC：CPU 221 AC/DC/继电器。S7-200 系列 PLC 以其高可靠性、指令丰富、内置功能强大、强劲的通信能力、较高的性价比等特点，在工业控制领域中被广泛应用。（以后的项目均选择 S7-200 系列 PLC）。

相关知识

西门子 S7 系列可编程控制器分为 S7-400、S7-300、S7-200 三个系列，分别为 S7 系列的大、中、小型（超小型）可编程控制器系统，如图 2-1-3 所示。

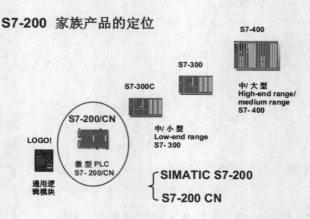

图 2-1-3　西门子 S7 系列 PLC 结构图

S7-200 系列 PLC 有 CPU 21X 和 CPU 22X 两代产品，其中 CPU 22X 型可编程控制器提供了 5 个不同的基本型号，常见的有 CPU 221、CPU 222、CPU 224、CPU 224XP 和 CPU 226，其不同型号主要通过集成的输入/输出点数量、程序和数据存储器、可扩展性来区分，五种不同 S7-200 CPU 如图 2-1-4 所示。不同的 CPU 其性能参数如表 2-1-2 所示。

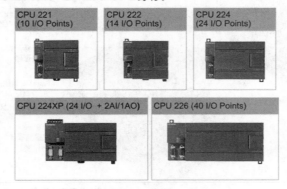

图 2-1-4 五种不同的 S7-200 CPU

表 2-1-2 CPU 性能参数

S7-200 PLC	CPU 221	CPU 222	CPU 224	CPU 224XP	CPU 226
集成数字量输入/输出	6 入/4 出	8 入/6 出	14 入/10 出	14 入/10 出	24 入/16 出
可连接的扩展模块数量（最大）	不可扩展	2 个	7 个	7 个	7 个
最大可扩展的数字量输入/输出范围	不可扩展	78 点	168 点	168 点	248 点
最大可扩展的模拟量输入/输出范围	不可扩展	10 点	35 点	38 点	35 点
用户程序区（在线/非在线）	4K/4K	4K/4K	8K/12K	12K/16K	16K/24K
数据存储区	2K	2K	8K	10K	10K
数据后备时间（电容）	50 小时	50 小时	50 小时	100 小时	100 小时
后备电池（选件）	200 天	200 天	200 天	200 天	200 天
编程软件	STEP 7-Micro/WIN				
每条二进制语句执行时间	0.22μs	0.22μs	0.22μs	0.22μs	0.22μs
标志寄存器/计数器/定时器	256/256/256	256/256/256	256/256/256	256/256/256	256/256/256
高速计数器	4 个 30KHz	4 个 30KHz	6 个 30KHz	6 个 100KHz	6 个 30KHz
高速脉冲输出	2 个 20KHz	2 个 20KHz	2 个 20KHz	2 个 100KHz	2 个 20KHz
通信接口	1*RS485	1*RS485	1*RS485	2*RS485	2*RS485
外部硬件中断	4	4	4	4	4
支持的通信协议	PPI，MPI，自由口	PPI，MPI，自由口，Profibus DP			
模拟电位器	1 个 8 位分辨率	2 个 8 位分辨率			
实时时钟	外置时钟卡（选件）	内置时钟卡			
外形尺寸（W*H*D）mm	90*80*62	90*80*62	120*80*62	140*80*62	196*80*62

    S7-200 CPU 模块外部结构如图 2-1-5 所示，是典型的整体式 PLC，输入/输出、CPU 模块、电源模块均装在一个机壳内，当系统需要扩展时，选用需要的扩展模块与基本单元连接即可。

图 2-1-5   SIMATIC S7-200 系列 PLC 外部结构实物图

① 输入接线端子：用于连接外部控制信号。在底部端子盖下是输入接线端子和为传感器提供的 24V 直流电源；

② 输出接线端子：用于连接被控设备。在顶部端子盖下是输出接线端子和 PLC 的工作电源；

③ CPU 状态指示：有 SF、STOP、RUN 三个，其作用如表 2-1-3 所示；

表 2-1-3   CPU 状态指示灯的作用

名称			状态及作用
SF	系统故障	亮	严重的处错或硬件故障
STOP	停止状态	亮	不执行用户程序，可以通过编程装置向 PLC 装载程序或进行系统设置
RUN	运行状态	亮	执行用户程序

④ I/O 点状态指示：输入状态指示用于显示是否有控制信号（如控制按钮、行程开关、接近开关、光电开关等数字量信息）接入 PLC；输出状态指示用于显示 PLC 是否有信号输出到执行设备（如接触器、电磁阀、指示灯等）；

⑤ 扩展接口：通过扁平电缆线，连接数字量 I/O 扩展模块、模拟量 I/O 扩展模块、热电偶模块、通信模块等，如图 2-1-6 所示；

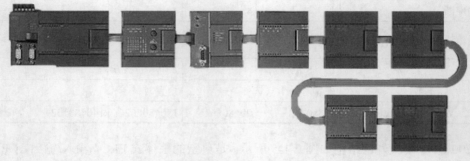

图 2-1-6   CPU 扩展

⑥ 通信接口：支持 PPI、MPI 通信协议，有自由口通信能力，用以连接编程器（手持式或 PC 机）、文本/图形显示器、PLC 网络等外部设备，如图 2-1-7 所示；

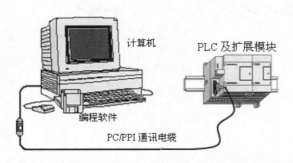

图 2-1-7　个人电脑与 S7-200 的连接示意图

⑦ 模拟电位器：模拟电位器用来改变特殊寄存器（SM28、SM29）中的数值，以改变程序运行时的参数，如定时器、计数器的预置值，过程量的控制参数等。

步骤四　控制电路设计

控制电路就是 PLC 接线原理图，是 PLC 应用设计的重要技术资料。

相关知识

1. 给 S7-200 CPU 供电

给 S7-200 CPU 供电有直流供电和交流供电两种方式，如图 2-1-8 所示。

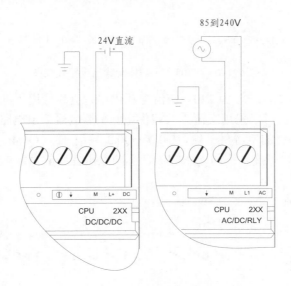

图 2-1-8　给 CPU 供电

注：在安装和拆除 S7-200 之前，要确保电源被断开，以免造成人身伤害和设备事故。

2. 输入/输出接线

（1）输入接线。

CPU 224 的主机共有 14 个输入点（I0.0～I0.7、I1.0～I1.5），输入电路为 24V 直流输入。CPU 224 输入电路接线图如图 2-1-9 所示。系统设置 1M 为输入端子 I0.0～I0.7 的公共端，2M 为输入端子 I1.0～I1.5 的公共端。

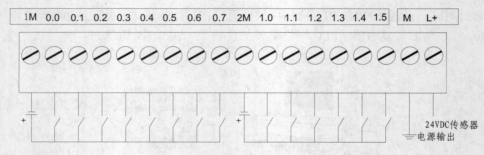

图 2-1-9   输入电路接线

（2）输出接线。

CPU 224 的输出电路有晶体管输出电路和继电器输出电路两种供用户选择。在晶体管输出电路中，只能用直流 DC 为负载供电。输出端将数字量输出分为两组，每组有一个公共端，共有 1L、2L 两个公共端，可接入不同电压等级的负载电源。接线图如图 2-1-10 所示。

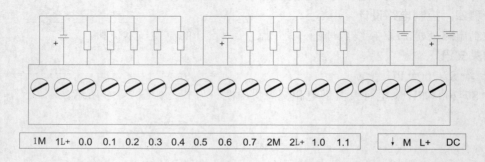

图 2-1-10   CPU 224 晶体管输出电路接线图

在继电器输出电路中，PLC 由 220V 交流电源供电，负载采用了继电器驱动，所以既可以选用直流为负载供电，也可以采用交流为负载供电。在继电器输出电路中，数字量输出分为三组，每组的公共端为本组的电源供给端，Q0.0～Q0.3 共用 1L，Q0.4～Q0.6 共用 2L，Q0.7～Q1.1 共用 3L，各组之间可接入不同电压等级、不同电压性质的负载电源，如图 2-1-11 所示。

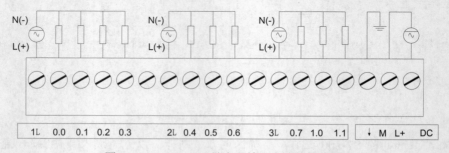

图 2-1-11   CPU 224 继电器输出电路的接线图

动动脑吧

我们实训室 PLC 实训箱中 PLC 面板上标有的 "AC/DC/REY" 是什么含义呢？

根据上述接线方法及 I/O 分配表绘出喷泉水泵 PLC 控制电路，如图 2-1-12 所示。

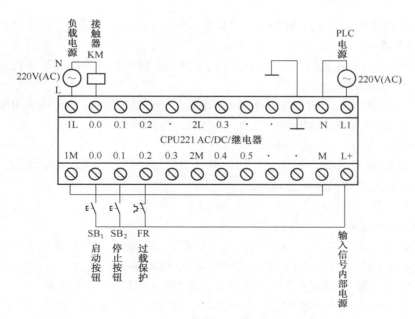

图 2-1-12 喷泉水泵 PLC 控制电路图

步骤五　程序设计

相关知识

1. S7-200 系列 PLC 的内存结构及寻址方法

PLC 的内存分为程序存储区和数据存储区两大部分。程序存储区用于存放用户程序，它由机器自动按顺序存储程序，用户不必为哪条程序存放在哪个存储器地址而费心。数据存储区用于存放输入/输出状态及各种各样的中间运行结果，是用户实现各种控制任务所必须了如指掌的内部资源，故研究 S7-200 系列 PLC 的数据存储区及寻址方式是我们必须要掌握的重点。

（1）内存结构。

S7-200 CPU 将信息存储在不同的存储器单元中，每个单元都有地址。它们分别是输入映像寄存器 I、输出映像寄存器 Q、变量存储器 V、内部位存储器 M、特殊存储器 SM、顺序控制状态寄存器 S 和局部变量存储器 L、定时器 T、计数器 C、模拟量输入寄存器 AI 和模拟量输出寄存器 AQ、累加器 AC 和高速计数器 HC。

1）输入映像寄存器 I（输入继电器）

输入映像寄存器 I 存放 CPU 在输入扫描阶段采样输入接线端子的结果。工程技术人员常把输入映像寄存器 I 称为输入继电器，它由输入接线端子接入的控制信号驱动，当控制信号接通时，输入继电器得电，即对应的输入映像寄存器的位为"1"态；当控制信号断开时，输入继电器失电，对应的输入映像寄存器的位为"0"态。输入接线端子可以接常开触点或常闭触点，也可以是多个触点的串并联。

输入继电器地址的编号范围为 I0.0～I15.7。

2）输出映像寄存器 Q（输出继电器）

输出映像寄存器 Q 存放 CPU 执行程序的结果，并在输出扫描阶段，将其复制到输出接线端子上。工程实践中，常把输出映像寄存器 Q 称为输出继电器，它通过 PLC 的输出接线端子控制执行电器完成规定的控制任务。

输出继电器地址的编号范围为 Q0.0～Q15.7。

3）变量存储器 V

变量存储器 V 用于存放用户程序执行过程中控制逻辑操作的中间结果，也可以用来保存与工序或任务有关的其他数据。

变量存储区的编号范围根据 CPU 型号不同而不同，CPU 221/222 为 VB0～VB2047，共 2kB 存储容量，CPU 224/226 为 VB0～VB5119，共 5kB 存储容量。

4）内部位存储器 M（中间继电器）

内部位存储器 M 作为控制继电器，用于存储中间操作状态或其他控制信息，其作用相当于继电接触器控制系统中的中间继电器。

内部位存储器的编号范围为 M0～M29，共 32 个字节。

5）特殊存储器 SM

特殊存储器 SM 用于 CPU 与用户之间交换信息，其特殊存储器位提供大量的状态和控制功能。CPU 224 的特殊存储器 SM 编址范围为 SMB0～SMB179，共 180 个字节，其中 SMB0～SMB29 的 30 个字节为只读型区域。其地址编号范围随 CPU 的不同而不同。

特殊存储器 SM 的只读字节 SMB0 为状态位，在每个扫描周期结束时，由 CPU 更新这些位。各位的定义如下：

SM0.0——运行监视。SM0.0 始终为"1"状态，当 PLC 运行时可以利用其触点驱动输出继电器。

SM0.1——初始化脉冲，仅在执行用户程序的第一个扫描周期为"1"状态，可以用于初始化程序。

SM0.2——当 RAM 中数据丢失时，导通 1 个扫描周期，用于出错处理。

SM0.3——PLC 上电进入 RUN 方式，导通一个扫描周期，可在启动操作之前给设备提供一个预热时间。

SM0.4——该位是周期为一分钟、占空比为 50%的时钟脉冲。

SM0.5——该位是周期为一秒钟、占空比为 50%的时钟脉冲。

SM0.6——该位是一个扫描时钟脉冲。本次扫描时置 1，下次扫描时置 0。可用作扫描计数器的输入。

SM0.7——该位指示 CPU 工作方式开关的位置。在 TERM 位置时为 0，可同编程设备通信；在 RUN 位置时为 1，可使自由端口通信方式有效。

特殊存储器 SM 的只读字节 SMB1 提供了不同指令的错误提示，部分位的定义如下：

SM1.0——零标志位，运算结果等于 0 时，该位置 1。

SM1.1——溢出标志，运算溢出或查出非法数值时，该位置 1。

SM1.2——负数标志，数学运算结果为负时，该位置 1。

特殊存储器 SM 字节 SMB28 和 SMB29 用于存储模拟量电位器 0 和模拟量电位器 1 的调节结果。

特殊存储器 SM 的全部功能可查阅相关手册。

6）局部变量存储器 L

局部变量存储器 L 用来存放局部变量，它和变量存储器 V 很相似，主要区别在于全局变量是全局有效，即同一个变量可以被任何程序访问，而局部变量只在局部有效，即变量只和特定的程序相关联。

　　S7-200 有 64 个字节的局部变量存储器，其中 60 个字节可以作为暂时存储器，或给子程序传递参数，后 4 个字节作为系统的保留字节。

　　7）高速计数器 HC

　　高速计数器用来累计比 CPU 的扫描速率更快的事件，计数过程与扫描周期无关。

　　高速计数器的地址编号范围根据 CPU 的型号有所不同，CPU 221/222 各有 4 个高速计数器，CPU 224/226 各有 6 个高速计数器，编号为 HC0～HC5。

　　8）累加器 AC

　　累加器是用来暂存数据的寄存器，它可以用来存放运算数据、中间数据和结果，S7-200 提供了 4 个 32 位的累加器，其地址编号为 AC0～AC3。

　　9）定时器 T

　　定时器相当于继电接触器控制系统中的时间继电器，用于延时控制。S7-200 有三种定时器，它们的时基增量分别为 1ms、10ms 和 100ms。

　　定时器的地址编号范围为 T0～T255，它们的分辨率和定时范围各不相同，用户应根据所用 CPU 型号及时基，正确选用定时器的编号。

　　10）计数器 C

　　计数器用来累计输入端接收到的脉冲个数，S7-200 有三种计数器：加计数器、减计数器、加减计数器。

　　计数器的地址编号范围为 C0～C255。

　　11）模拟量输入寄存器 AI

　　模拟量输入寄存器 AI 用于接收模拟量输入模块转换后的十六位数字量，其地址编号以偶数表示，如 AIW0、AIW2……。模拟量输入寄存器 AI 为只读存储器。

　　12）模拟量输出寄存器 AQ

　　模拟量输出寄存器 AQ 用于暂存模拟量输出模块的输入值，该值经过模拟量输出模块（D/A）转换为现场所需要的标准电压或电流信号，其地址编号为 AQW0、AQW2……。模拟量输出值是只写数据，用户不能读取模拟量输出值。

　　13）顺序控制状态寄存器 S

　　顺序控制状态寄存器 S 又称状态元件，与顺序控制继电器指令配合使用，用于组织设备的顺序操作，顺序控制状态寄存器的地址编号范围为 S0.0～S31.7。

　　（2）指令编址及寻址方式。

　　1）编址方式

　　在计算机中使用的数据均为二进制数，二进制数的基本单位是一个二进制位，8 个二进制位组成 1 个字节，2 个字节组成一个字，2 个字组成一个双字。

　　存储器的单位可以是位（bit）、字节（Byte）、字（Word）、双字（Double Word），所以需要对位、字节、字、双字进行编址。存储单元的地址由区域标识符、字节地址和位地址组成。

　　位编址：寄存器标识符+字节地址.位地址，如 I0.0、M0.1、Q0.2 等。

　　字节编址：寄存器标识符+字节长度 B+字节号，如 IB1、VB20、QB2 等。

　　字编址：寄存器标识符+字长度 W+起始字节号，如 VW20 表示 VB20 和 VB21 这 2 个字节组成的字。

　　双字编址：寄存器标识符+双字长度 D+起始字节号，如 VD20 表示从 VB20 到 VB23 这 4 个字节组成的双字。位、字节、字、双字编址如图 2-1-13 所示。

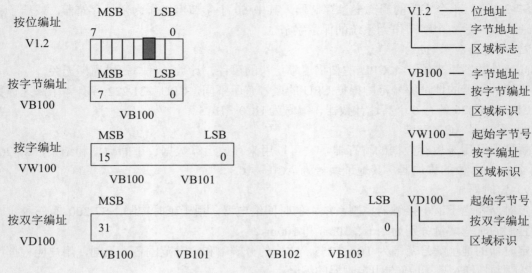

图 2-1-13　字节、字和双字的编址

2）寻址方式

在编写 PLC 程序时，我们会用到寄存器的某一位，或某一个字节，或某一个字，或某一个双字。怎样让指令正确地找到我们所需要的位、字节、字、双字的数据信息？这就要求我们正确了解位、字节、字、双字的寻址方法，以便在编写程序时，使用正确的指令规则。

S7-200 系列 PLC 指令系统的数据寻址方式有立即数寻址、直接寻址和间接寻址三大类。

● 立即数寻址

对立即数直接进行读写操作的寻址称为立即数寻址。立即数寻址的数据在指令中以常数形式出现。常数的大小由数据的长度（二进制数的位数）决定。其表示的相关整数的范围如表2-1-4 所示。

表 2-1-4　数据的大小范围

数据大小	无符号整数范围		有符号整数范围	
	十进制	十六进制	十进制	十六进制
字节 B（8 位）	0～255	0～FF	-128～127	80～7F
字 W（16 位）	0～65,535	0～FFFF	-32,768～+32,767	8000～7FFF
双字 D（32 位）	0～4,294,967,295	0～FFFFFFFF	-2,147,483,648～+2,147,483,647	80000 0000～7FFF FFFF

在 S7-200 系列 PLC 中，常数值可为字节、字或双字。存储器以二进制方式存储所有常数。指令中可用二进制、十进制、十六进制或 ASCII 码形式来表示常数，其具体的格式是：

二进制格式：用二进制数前加 2#表示，如 2#1001；

十进制格式：直接用十进数表示，如 20047；

十六进制格式：用十六进制数前加 16#表示，如 16#4E4F；

ASCII 码格式：用单引号 ASCII 码文本表示，如'good bye'.

● 直接寻址

直接寻址是指在指令中直接使用存储器或寄存器的地址编号，直接到指定的区域读取或写入数据，如 I0.0、MB20、VW100 等。

● 间接寻址

间接寻址时操作数不提供直接数据位置，而是通过使用地址指针来存取存储器中的数据。在 S7-200 系列 PLC 中允许使用指针对 I、Q、M、V、S、T（仅当前值）、C（仅当前值）寄存器进行间接寻址。

使用间接寻址之前，要先创建一个指向该位置的指针，指针为双字值，用来存放一个存储器的地址，只能用 V、L 或 AC 做指针。建立指针时，必须用双字传送指令（MOVD）将需要间接寻址的存储器地址送到指针中，例如：MOVD &VB202, AC1，其中 &VB202 表示 VB202 的地址，而不是 VB202 的值，指令的含义是将 VB202 的地址送入累加器 AC1 中。

指针建立好了之后，利用指针存取数据。用指针存取数据时，操作数前加 "*" 号，表示该操作数为一个指针。例如：MOVW *AC1, AC0，表示将 AC1 中的内容为起始地址的一个字长的数据（即 VB202、VB203 的内容）送到累加器 AC0 中，其传送示意图如图 2-1-14 所示。

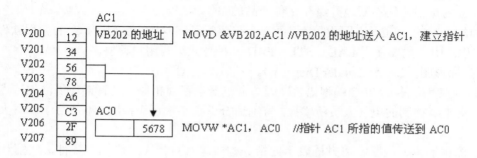

图 2-1-14　使用指针的间接寻址

S7-200 系列 PLC 的存储器寻址范围如表 2-1-5 所示。

表 2-1-5　S7-200 系列 PLC 的存储器寻址范围

寻址方式	CPU 221	CPU 222	CPU 224	CPU 224XP	CPU 226
位存取 （字节.位）	I0.0～I15.7 Q0.0～Q15.7 M0.0～M31.7 T0～T255 C0～C255 L0.0～L63.7				
	V0.0～V2047.7		V0.0～V8191.7	V0.0～V2047.7	
	SM0.0～ SM165.7	SM0.0～ SM2999.7	SM0.0～SM549.7		
字节存取	IB0～IB15 QB0～QB15 MB0～MB31 SB0～SB31 LB0～LB63 AC0～AC3 KB 常数				
	VB0～VB2047		VB0～VB8191	VB0～VB10239	
	SMB0～ SMB165	SMB0～ SMB299	SMB0～SMB549		
字存取	IW0～IW14 QW0～QW14 MW0～MW30 SW0～SW30				
	T0～T255 C0～C255 LW0～LW62 AC0～AC3 KB 常数				
	VW0～VW2046		VW0～VW8190	VW0～VW10238	
	SMW0～ SMW164	SMW0～ SMW298	SMW0～SMW548		
	AIW0～AIW30 AQW0～AQW30		AIW0～AIW62 AQW0～AQW62		

续表

寻址方式	CPU 221	CPU 222	CPU 224	CPU 224XP	CPU 226
双字存取	ID0～ID12 QD0～QD12 MD0～MD28 SD0～SD28 LD0～LD60 AC0～AC3 KB 常数				
	VD0～VD2044		VD0～VD8188	VD0～VD10236	
	SMD0～SMD162	SMD0～SMD296	SMD0～SMD546		

2. S7-200 系列 PLC 的编程语言

PLC 的软件系统可分为系统程序和用户程序两大类。系统程序是厂家编写的程序，随 PLC 的功能不同而不同，它包括管理程序、用户指令解释程序和供系统调用的标准程序模块等，主要用于时序管理、存储空间分配、系统自检和用户程序翻译等；用户程序是用户根据控制要求，按系统程序允许的编程规则，用厂家提供的编程语言编写的程序。

系统程序的改进可使 PLC 的性能在不改变硬件的情况下得到很大的改善，所以 PLC 制造厂商对此极为重视，均不断地升级和完善产品的系统程序。

不同的厂家的 PLC 有不同的编程语言，在西门子 S7-200 系列 PLC 的编程软件 STEP 7-Micro/WIN 中，主要使用 LAD、STL、FBD 三种方式编写用户程序。

（1）梯形图（LAD，Ladder Diagram）。

LAD 是使用最多的 PLC 编程语言。因与继电器电路很相似，具有直观易懂的特点，很容易被熟悉继电器控制的电气人员所掌握，特别适合于数字量逻辑控制；不适合于编写大型控制程序。

梯形图由触点、线圈和用方框表示的指令构成。触点代表逻辑输入条件，线圈代表逻辑运算结果，常用来控制指示灯、开关和内部的标志位等。指令方框用来表示定时器、计数器或数学运算等指令。

（2）语句表（STL，Statement List）。

STL 是一种类似于微机汇编语言的文本编程语言，由多条语句组成一个程序段。语言表适合于经验丰富的程序员使用，可以实现某些梯形图不能实现的功能。

（3）功能块图（FBD，Function Block Diagram）。

功能块图使用类似于布尔代数的图形逻辑符号来表示控制逻辑，一些复杂的功能用指令框表示，适合于有数字电路基础的编程人员使用。功能块图用类似于与门、或门的框图来表示逻辑运算关系，方框的左侧为逻辑运算的输入变量，右侧为输出变量，输入、输出端的小圆圈表示"非"运算，方框用"导线"连在一起，信号自左向右。

三种程序指令的类型可以相互转换，如图 2-1-15 所示。

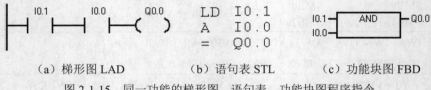

（a）梯形图 LAD   （b）语句表 STL   （c）功能块图 FBD

图 2-1-15   同一功能的梯形图、语句表、功能块图程序指令

3. 触点线圈指令

PLC 控制电路中也有与继电器电路相似的触点和线圈，它的触点和线圈是以指令的形式体现。触点和线圈的指令格式及功能如表 2-1-6 所示。

表 2-1-6　触点和线圈的指令

类型	梯形图	语句表	功能
常开触点	┤ bit ├	LD　　bit A　　bit O　　bit	LD：装载常开触点 A：串联常开触点 O：并联常开触点
常闭触点	┤ bit / ├	LDN　　bit AN　　bit ON　　bit	LDN：装载常闭触点 AN：串联常闭触点 ON：并联常闭触点
线圈	─(bit)	＝　　bit	＝：输出指令
常开触点	┤ bit I ├	LDI　　bit AI　　bit OI　　bit	LDI：装载常开立即触点 AI：串联常开立即触点 OI：并联常开立即触点
常闭触点	┤ bit /I ├	LDNI　　bit ANI　　bit ONI　　bit	LDNI：装载常闭立即触点 ANI：串联常闭立即触点 ONI：并联常闭立即触点
线圈	─(bit I)	＝I　　bit	＝I：立即输出指令

梯形图形式中：

"bit"表示存储区域的某一个位。位寻址使用的是"字节.位"的寻址方式，即先寻找到某个位所在的字节，再寻找这个位。以 I1.5 为例，表示的是输入过程映像寄存器 I 的第一个字节的第 5 位。

触点代表 CPU 对存储器某个位的**读**操作，常开触点和存储器的位状态相同，常闭触点和存储器的位状态相反；

线圈代表 CPU 对存储器某个位的**写**操作，若程序中逻辑运算结果为"1"，表示 CPU 将该线圈所对应的存储器的位置"1"；若程序中逻辑运算结果为"0"，表示 CPU 将该线圈所对应的存储器的位置"0"。

说明：

① LD/LDN 指令用于与左侧母线相连的触点，也用于分支电路的开始；

② "＝"指令不能用于输入过程映像寄存器 I，输出端不带负载时，控制线圈应使用 M 或其他，而不能用 Q；"＝"可以并联使用任意次，但不能串联使用，并且编程时同一程序中同一线圈只能出现一次，如图 2-1-16 所示；

③ A/AN 指令是单个触点串联连接指令，可连续使用任意次；

④ O/ON 指令是单个触点并联连接指令；

⑤ LD/LDN、＝、A/AN、O/ON 的操作数包括：I、Q、M、SM、T、C、V、S、L；

⑥ 立即触点指令只能用于输入量 I，执行该指令时，立即读入外部输入点的值，根据该值判断触点的接通/断开状态，但是并不更新该物理输入点对应的输入过程映像寄存器；

⑦ 立即输出指令只能用于输出量 Q。执行该指令时，将逻辑运算结果立即写入指定的物理输出点和对应的输出过程映像寄存器；

⑧ 立即触点/立即输出指令常用于对实时控制要求较高的场合。

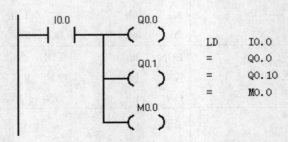

图 2-1-16   输出指令的并联使用的梯形图与语句表

【例 1】触点串联指令应用：使用 3 个开关同时控制 1 盏灯，要求 3 个开关全部闭合时灯亮，其他情况灯灭。

3 个开关分别接 PLC 的输入 I0.1、I0.2 和 I0.3，灯接输出 Q0.0。梯形图及语句表程序如图 2-1-17 所示。

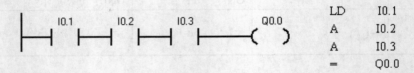

图 2-1-17   逻辑与操作编程举例

【例 2】触点并联指令应用：使用 3 个开关控制 1 盏灯，要求任意 1 个开关闭合时灯都亮。

3 个开关分别接 PLC 的输入 I0.1、I0.2 和 I0.3，灯接输出 Q0.0。梯形图及语句表程序如图 2-1-18 所示。

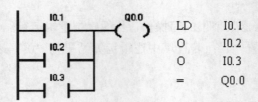

图 2-1-18   逻辑或操作编程举例

【例 3】试设计互锁电路如图 2-1-19 所示。

当输入信号 I0.0 接通时，M0.0 线圈得电并自保持，使 Q0.0 得电输出，同时 M0.0 的常闭触点断开，即使 I0.1 再接通也不能使 M0.1 动作，因此 Q0.1 不能输出。若 I0.1 先接通，则刚好相反。在控制环节中该电路可实现信号间的互锁。

参考程序

根据上述知识点设计喷泉系统控制程序，如图 2-1-20 所示。

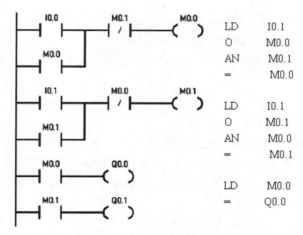

图 2-1-19　互锁电路梯形图与语句表程序

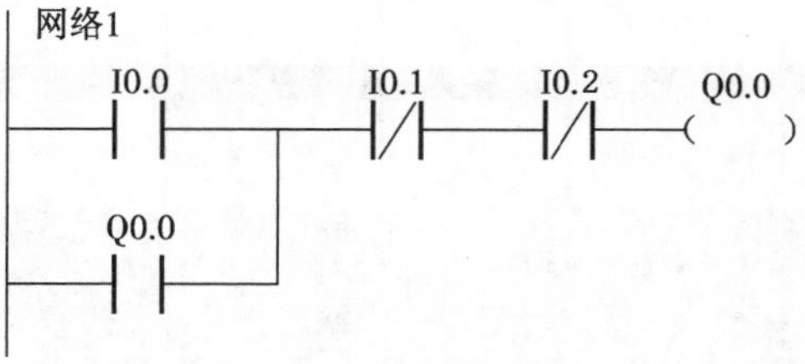

网络1

（a）梯形图　　　　　　　（b）语句图

图 2-1-20　喷泉系统控制程序梯形图

步骤六　调试运行

（1）先用下载电缆将 PC 机串口与 S7-200 CPU 226 主机的 Port1 端口连好，然后对实验箱通电，并打开 24V 电源开关。主机和 24V 电源的指示灯亮，表示工作正常，可进入下一步操作。

（2）关闭 24V 电源，根据原理图连接 PLC 模拟调试线路（如图 2-1-12 所示），检查无误后再打开 24V 电源。

（3）打开 PLC 的前盖，将运行模式开关拨到 STOP 位置，此时 PLC 处于停止状态，或者单击工具栏中的 STOP 按钮，可以进行程序写入。

（4）在作为编程器的电脑上，运行 STEP 7-Micro/WIN4.0 编程软件。

（5）用菜单命令"文件→新建"，生成一个新项目；用菜单命令"文件→打开"，打开一个已有的项目；用菜单命令"文件→另存为"，可修改项目的名称。

（6）用菜单命令"PLC→类型"，设置 PLC 的型号。

（7）设置通信参数。

（8）输入控制程序，见图 2-1-20。

（9）单击工具栏中的"编译"按钮或"全部编译"按钮来编译输入的程序，若提示错误，则修改，直至编译成功。

（10）下载程序文件到 PLC。

（11）将运行模式选择开关拨到 RUN 位置，或者单击工具栏的"RUN（运行）"按钮使 PLC 进入运行方式。

（12）按下启动按钮 SB1，观察电动机是否启动。

（13）按下停止按钮 SB2，观察电动机是否能够停止。

（14）再次按下启动按钮 SB1，如果系统能够重新启动运行，并能在按下停止按钮后停车，则程序调试结束。

相关知识

STEP 7-Micro/WIN 编程软件介绍

S7-200 系列 PLC 使用 STEP 7-Micro/WIN 编程软件进行编程。STEP 7-Micro/WIN 编程软件是基于 Windows 操作系统的应用软件，功能强大，主要用于开发程序，也可用于实时监控用户程序的执行状态。该软件的 4.0 以上版本，有包括中文在内的多种语言使用界面。

1. STEP 7-Micro/WIN 窗口组件

STEP 7-Micro/WIN 的主界面如图 2-1-21 所示。

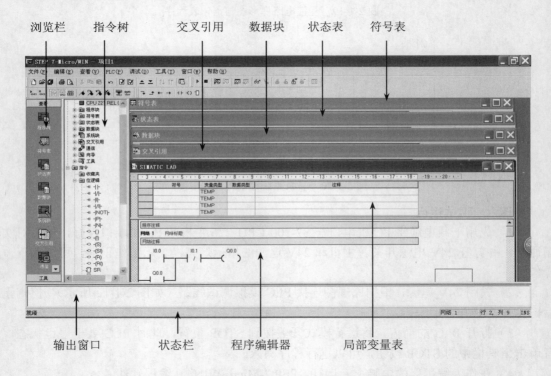

图 2-1-21　STEP 7-Micro/WIN 编程软件的主界面

主界面一般可以分为以下几个部分：菜单栏、工具栏、浏览栏、指令树、用户窗口、输出窗口和状态栏。除菜单栏外，用户可以根据需要通过"查看"菜单和"窗口"菜单决定其他窗口的取舍和样式的设置。

（1）主菜单。

包括：文件、编辑、查看、PLC、调试、工具、窗口、帮助 8 个主菜单项。各主菜单项的功能如下：

① "文件"菜单。对文件进行新建、打开、关闭、保存、另存、导入、导出、上载、下载、页面设置、打印、预览、退出等操作。

② "编辑"菜单。可以实现剪切、复制、粘贴、插入、查找、替换、转至等操作。

③ "查看"菜单。用于选择各种编辑器，如程序编辑器、数据块编辑器、符号表编辑器、状态表编辑器、交叉引用查看以及系统块和通信参数设置等。"查看"菜单还可以控制程序注释、网络注释以及浏览栏、指令树和输出窗口的显示与隐藏，可以对程序块的属性进行设置。

④ PLC 菜单。用于与 PLC 联机时的操作。如用软件改变 PLC 的运行方式（运行、停止）、对用户程序进行编译、清除 PLC 程序、电源启动重置、查看 PLC 的信息、时钟或存储卡的操作、程序比较、PLC 类型选择等。其中对用户程序进行编译可以离线进行。

⑤ "调试"菜单。用于联机时的动态调试。调试时可以指定 PLC 对程序执行有限次数扫描（从 1 次扫描到 65,535 次扫描）。通过选择 PLC 运行的扫描次数，可以在程序改变过程变量时对其进行监控。第一次扫描时，SM0.1 数值为 1（打开）。

⑥ "工具"菜单。提供复杂指令向导（PID、HSC、NETR/NETW 指令），使复杂指令编程时的工作简化；提供文本显示器 TD200 设置向导；定制子菜单可以更改 STEP 7-Micro/WIN 工具栏的外观或内容，以及在"工具"菜单中增加常用工具；"选项"子菜单可以设置 3 种编辑器的风格，如字体、指令盒的大小等样式。

⑦ "窗口"菜单。可以设置窗口的排放形式，如层叠、水平、垂直。

⑧ "帮助"菜单。可以提供 S7-200 的指令系统及编程软件的所有信息，并提供在线帮助、网上查询、访问等功能。

（2）工具栏。

① 标准工具栏

各快捷按钮从左到右分别为：新建项目、打开现有项目、保存当前项目、打印、打印预览、剪切选项并复制至剪贴板、将选项复制至剪贴板、在光标位置粘贴剪贴板内容、撤消最后一个条目、编译程序块或数据块（任意一个现用窗口）、全部编译（程序块、数据块和系统块）、将项目从 PLC 上载至 STEP 7-Micro/WIN、从 STEP 7-Micro/WIN 下载至 PLC、符号表名称列按照 A-Z 从小至大排序、符号表名称列按照 Z-A 从大至小排序、选项（配置程序编辑器窗口）。

② 调试工具栏

各快捷按钮从左到右分别为：将 PLC 设为运行模式、将 PLC 设为停止模式、在程序状态打开/关闭之间切换、在触发暂停打开/停止之间切换（只用于语句表）、在图状态打开/关闭之间切换、状态图表单次读取、状态图表全部写入、强制 PLC 数据、取消强制 PLC 数据、状态图表全部取消强制、状态图表全部读取强制数值。

③ 公用工具栏

公用工具栏各快捷按钮从左到右分别为：插入网络、删除网络、程序注释显示与隐藏之间切换、网络注释、查看/隐藏每个网络的符号信息表、切换书签、下一个书签、前一个书签、清除全部书签、在项目中应用所有的符号、建立表格未定义符号、常量说明符打开/关闭之间切换等，程序注释、网络注释、符号信息表等如图 2-1-22 所示。

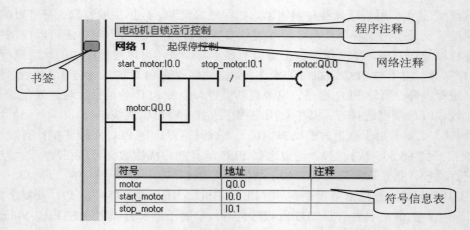

图 2-1-22　程序注释、网络注释、符号信息表等

④ LAD 指令工具栏

从左到右分别为：插入向下直线、插入向上直线、插入左行、插入右行、插入接点、插入线圈、插入指令盒。

（3）浏览栏。

为编程提供按钮控制，可以实现窗口的快速切换，即对编程工具执行直接按钮存取，包括程序块、符号表、状态表、数据块、系统块、交叉引用和通信。单击上述任意按钮，则主窗口切换成此按钮对应的窗口。

（4）指令树。

以树型结构提供编程时用到的所有快捷操作命令和 PLC 指令。可分为项目分支和指令分支。项目分支用于组织程序项目，指令分支用于输入程序，打开指令文件夹并选择指令。

（5）用户窗口。

可同时或分别打开 6 个用户窗口，分别为：交叉引用、数据块、状态表、符号表、程序编辑器、局部变量表。

① 交叉引用

在程序编译成功后，可用下面的方法之一打开"交叉引用"窗口：

● 用菜单"查看"→"组件"→"交叉引用"；

● 单击浏览栏中的"交叉引用"按钮。

如图 2-1-23 所示，交叉引用表列出在程序中使用的各操作数所在的 POU、网络或行位置，以及每次使用各操作数的语句表指令。通过交叉引用表还可以查看哪些内存区域已经被使用，作为位还是作为字节使用。在运行方式下编辑程序时，可以查看程序当前正在使用的跳变信号的地址。交叉引用表不下载到可编程控制器，在程序编译成功后，才能打开交叉引用表。在交叉引用表中双击某操作数，可以显示出包含该操作数的那一部分程序。

② 数据块

可以设置和修改变量存储器的初始值和常数值，并加注必要的注释说明。可用下面的方法之一打开"数据块"窗口：

- 单击浏览栏上的"数据块"按钮。
- 用"查看"菜单→"组件"→"数据块"。
- 单击指令树中的"数据块" ▣ 图标。

	元素	块	位置	上下文
1	start_motor:I0.0	MAIN (OB1)	网络 1	-||-
2	stop_motor:I0.1	MAIN (OB1)	网络 1	-|/|-
3	motor:Q0.0	MAIN (OB1)	网络 1	-( )
4	motor:Q0.0	MAIN (OB1)	网络 1	-||-

图 2-1-23　交叉引用表

③ 状态表

将程序下载至 PLC 之后，可以建立一个或多个状态表，在联机调试时，进入状态表监控状态，可监视各变量的值和状态。状态表不下载到 PLC，只是监视用户程序运行的一种工具。用下面的方法之一可打开状态表：

- 单击浏览栏上的"状态表"按钮。
- 菜单命令："查看"→"组件"→"状态表"。
- 打开指令树中的"状态表"文件夹，然后双击状态表图标。

若在项目中有一个以上状态表，使用位于"状态表"窗口底部的标签在状态表之间切换。

④ 符号表

符号表是程序员用符号编址的一种工具表。在编程时不采用元件的直接地址作为操作数，而用有实际含义的自定义符号名作为编程元件的操作数，这样可使程序更容易理解。符号表则建立了自定义符号名与直接地址编号之间的关系。程序被编译后下载到可编程控制器时，所有的符号地址被转换成绝对地址，符号表中的信息不下载到可编程控制器。用下面的方法之一可打开符号表：

- 单击浏览栏中的"符号表"按钮。
- 用菜单命令："查看"→"符号表"。
- 打开指令树中的"符号表"，然后双击一个表格图标。

⑤ 程序编辑器

- "程序编辑器"窗口的打开：

单击浏览栏中的"程序块"按钮，打开程序编辑器窗口，单击窗口下方的主程序、子程序、中断程序标签，可自由切换程序窗口。

指令树→"程序块"→双击主程序图标、子程序图标或中断程序图标。

- 程序编辑器的设置：

菜单命令"工具"→"选项"→"程序编辑器"标签，设置编辑器选项。

使用选项快捷按钮→设置程序编辑器选项。

- 指令语言的选择：

菜单命令"查看"→"LAD""FBD""STL"，更改编辑器类型。

菜单命令"工具"→"选项"→"一般"标签，可更改编辑器（LAD、FBD 或 STL）和编程模式（SIMATIC 或 IEC 1131-3）。

⑥ 局部变量表

程序中的每个程序块都有自己的局部变量表，局部变量存储器（L）有 64 个字节。局部变量表用来定义局部变量，局部变量只在建立该局部变量的程序块中才有效。在带参数的子程序调用中，参数的传递就是通过局部变量表传递的。

在用户窗口将水平滚动条下拉即可显示局部变量表，将水平滚动条拉至程序编辑器窗口的顶部，局部变量表不再显示，但仍旧存在。

（6）输出窗口。

用来显示 STEP 7-Micro/WIN 程序编译的结果，如编译结果有无错误、错误编码和位置等。通过菜单命令"查看"→"框架"→"输出窗口"，可打开或关闭输出窗口。

（7）状态条。

提供有关在 STEP 7-Micro/WIN 中操作的信息。

2．STEP 7-Micro/WIN 主要编程功能

（1）编程元素及项目组件。

STEP 7-Micro/WIN 的一个基本项目包括程序块、数据块、系统块、符号表、状态表、交叉引用表。程序块、数据块、系统块需下载到 PLC，而符号表、状态表、交叉引用表不需下载到 PLC。

程序块由可执行代码和注释组成，可执行代码由一个主程序和可选子程序或中断程序组成。程序代码被编译并下载到 PLC，程序注释被忽略。在指令树中右击"程序块"图标可以插入子程序和中断程序。

数据块由数据（包括初始内存值和常数值）和注释两部分组成。数据被编译后，下载到 PLC，注释被忽略。

系统块用来设置系统的参数，包括通信口配置信息、保存范围、模拟和数字输入过滤器、背景时间、密码表、脉冲截取位和输出表等选项。单击浏览栏上的"系统块"按钮，或者单击指令树内的系统块图标，可查看并编辑系统块。系统块的信息需下载到 PLC，为 PLC 提供新的系统配置。

（2）梯形图程序的输入。

① 建立项目。通过菜单命令"文件"→"新建"或单击工具栏中新建快捷按钮，可新建一个项目。此时，程序编辑器将自动打开。

② 输入程序。在程序编辑器中使用的梯形图元素主要有触点、线圈和功能块，梯形图的每个网络必须从触点开始，以线圈或没有 ENO 输出的功能块结束。线圈不允许串联使用。

在程序编辑器中输入程序可有以下方法：在指令树中选择需要的指令，拖放到需要位置；将光标放在需要的位置，在指令树中双击需要的指令；将光标放到需要的位置，单击工具栏指令按钮，打开一个通用指令窗口，选择需要的指令；使用功能键：F4=接点，F6=线圈，F9=功能块，打开一个通用指令窗口，选择需要的指令。

当编程元件图形出现在指定位置后，再单击编程元件符号的"？？？？"，输入操作数。红色字样显示语法出错，当把不合法的地址或符号改变为合法值时，红色消失。若数值下面出现红色的波浪线，表示输入的操作数超出范围或与指令的类型不匹配。

在梯形图 LAD 编辑器中可对程序进行注释。注释级别共有四个：程序注释、网络标题、网络注释、程序属性。

"属性"对话框中有两个标签："一般"和"保护"。选择"一般"可为子程序、中断程序和主程序块重新编号和重新命名，并为项目指定一个作者。选择"保护"则可以选择一个密码保护程序，以便其他用户无法看到该程序，并在下载时加密。若用密码保护程序，则选择"用密码保护该 POU"复选框。输入一个四个字符的密码并核对该密码。

③ 编辑程序。

剪切、复制、粘贴或删除多个网络　通过用 Shift 键+鼠标单击，可以选择多个相邻的网络，进行剪切、复制、粘贴或删除等操作。

注意：不能选择网络中的一部分，只能选择整个网络。

编辑单元格、指令、地址和网络　用光标选中需要进行编辑的单元，右击，弹出快捷菜单，可以进行插入或删除行、列、垂直线或水平线的操作。删除垂直线时把方框放在垂直线左边单元上，删除时选"行"，或按 DEL 键。进行插入编辑时，先将方框移至欲插入的位置，然后选"列"。

④ 程序的编译。程序编译操作用于检查程序块、数据块及系统块是否存在错误。程序经过编译后，方可下载到 PLC。单击"编译"按钮或选择菜单命令 PLC→"编译"，编译当前被激活的窗口中的程序块或数据块；单击"全部编译"按钮或选择菜单命令 PLC→"全部编译"，编译全部项目元件（程序块、数据块和系统块）。使用"全部编译"，与哪一个窗口是活动窗口无关。编译的结果显示在主窗口下方的输出窗口中。

（3）程序的上传下载。

① 下载。如果已经成功地在运行 STEP 7-Micro/WIN 的个人计算机和 PLC 之间建立了通讯，就可以将编译好的程序下载至该 PLC。如果 PLC 中已经有内容将被覆盖。单击工具栏中的下载按钮，或用菜单命令"文件"→"下载"。出现"下载"对话框。根据默认值，在初次发出下载命令时，"程序代码块""数据块"和"CPU 配置"（系统块）复选框都被选中。如果不需要下载某个块，可以清除该复选框。单击"确定"按钮，开始下载程序。如果下载成功，将出现一个确认框显示以下信息：下载成功。下载成功后，单击工具栏中的运行按钮，或用菜单命令"PLC"→"运行"，PLC 进入 RUN（运行）工作方式。

注意：下载程序时 PLC 必须处于停止状态，可根据提示进行操作。

② 上传。可用下面的几种方法从 PLC 将项目文件上传到 STEP 7-Micro/WIN 程序编辑器：单击上载按钮；选择菜单命令"文件"→"上载"；按快捷键 Ctrl+U。执行的步骤与下载基本相同，选择需上传的块（程序块、数据块或系统块），单击"上传"按钮，上传的程序将从 PLC 复制到当前打开的项目中，随后即可保存上传的程序。

（4）选择工作方式。

PLC 有运行和停止两种工作方式。单击工具栏中的运行按钮或停止按钮可以进入相应的工作方式。

（5）程序的调试与监控。

在 STEP 7-Micro/WIN 编程设备和 PLC 之间建立通信并向 PLC 下载程序后，可使 PLC 进入运行状态，进行程序的调试和监控。

① 程序状态监控。在程序编辑器窗口，显示希望测试的部分程序和网络，将 PLC 置于 RUN 工作方式，单击工具栏中程序状态按钮或用菜单命令"调试"→"程序状态"，将进入梯形图监控状态。在梯形图监控状态，用高亮显示位操作数的线圈得电或触点通断状态。触点或线圈通电时，该触点或线圈高亮显示。运行中梯形图内的各元件状态将随程序执行过程连续更新变换。

② 状态表监控。单击浏览栏上的"状态表"按钮或使用菜单命令"查看"→"组件"→"状态表"，可打开状态表编辑器，在状态表地址栏输入要监控的数字量地址或数据量地址。单击工具栏中的状态表按钮，可进入"状态表"监控状态。在此状态，可通过工具栏强制 I/O

点的操作,观察程序的运行情况,也可通过工具栏对内部位及内部存储器进行写操作来改变其状态,进而观察程序的运行情况。

项目拓展

任务　喷泉电动机控制的其他实现方案

1. 相关新知识——置位、复位指令

还可以用置位与复位指令来实现喷泉电动机的自锁运行控制,与置位与复位指令相似的还有立即置位与立即复位指令,指令格式如表 2-1-7 所示。

表 2-1-7　置位与复位指令

类型	梯形图	语句表	功能
线圈置位	—(S) bit N	S　bit,N	从指定的位地址 bit 开始的 N 个连续的位地址都被置位(变为 1)并保持
线圈复位	—(R) bit N	R　bit,N	从指定的位地址 bit 开始的 N 个连续的位地址都被复位(变为 1)并保持
线圈立即置位	—(SI) bit N	SI　bit,N	从指定的位地址 bit 开始的 N 个连续的位地址都被立即置位(变为 1)并保持
线圈立即复位	—(RI) bit N	RI　bit,N	从指定的位地址 bit 开始的 N 个连续的位地址都被立即复位(变为 1)并保持

说明:

① 对同一元件可以多次使用 S/R 指令;

② 与扫描工作方式有关,当置位、复位指令同时有效时,位于后面的指令具有优先权;

③ 置位、复位指令的操作数 N 的取值范围是:1~255;

④ 置位、复位指令通常成对使用,也可以单独使用或与功能块配合使用,可用复位指令对定时器或计数器进行复位;

⑤ 立即置位与立即复位指令只能用于输出量(Q)新值被同时写入对应的物理输出点和输出过程映像寄存器;

⑥ 立即置位与立即复位指令的操作数 N 的取值范围是:1~128。

2. 解决方案 1

使用置位、复位指令的程序如图 2-1-24 所示。

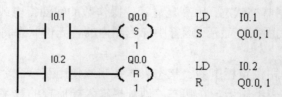

图 2-1-24　使用置位与复位指令的梯形图与语句表

当启动按钮 I0.1 按下时，Q0.0 被置为 1（N 为 1），电机开始运行；当按下停止按钮 I0.2 时，Q0.0 被复位为 0，电机停止运行。使用置位与复位指令进行控制不需要考虑如何实现自锁，电机会一直保持运行状态直到按下停止按钮。

3. 解决方案 2

还可以使用触发器指令实现电机的自锁运行，指令格式与真值表如表 2-1-8 所示。

表 2-1-8　触发器指令

类型	梯形图	真值表			功能
置位优先触发器指令（SR）	bit ─[S1 OUT]─ SR ─[R]	S1	R	输出（bit）	置位优先，当置位信号（S1）和复位信号（R）都为 1 时，输出为 1
		0	0	保持前一状态	
		0	1	0	
		1	0	1	
		1	1	1	
复位优先触发器指令（RS）	bit ─[S OUT]─ RS ─[R1]	S	R1	输出（bit）	复位优先，当置位信号（S）和复位信号（R1）都为 1 时，输出为 0
		0	0	保持前一状态	
		0	1	0	
		1	0	1	
		1	1	0	

说明：

① 触发器指令的语句表形式比较复杂，常使用梯形图形式；

② 符号 ─┤ 表示输出是一个可选的能流，可以级连或串联；

③ S1、R 端的操作数包括：I、Q、V、M 、SM、S、T、C 和能流；

④ S、R1、OUT 端的操作数包括：I、Q、V、M、SM、S、T、C、L 和能流；

⑤ bit 端的操作数包括：I、Q、V、M 和 S。

程序如图 2-1-25 所示。

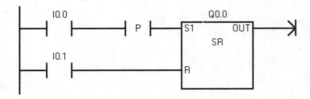

图 2-1-25　电机启动的 RS 触发器指令程序

分析：按下启动按钮 I0.0，置位 S1 端为 1，Q0.0 得电，电机开始运行，按下停止按钮 I0.1，复位 R 端为 1，Q0.0 断电，电机停止运行。

任务训练

现有两台小功率（10kW）的电动机，均采用直接启动控制方式，用一只 PLC 设计控制系统，要求实现当一号电动机启动后，二号电动机才允许启动，停止时各自独立停止。请完成主回路、控制回路、I/O 地址分配、PLC 程序及元件选择，编制规范的技术文件。

知识测评

（1）PLC 的输出方式为继电器型时，它适用于哪种负载（　　）。

A．感性　　　　　　B．交流　　　　　　C．直流　　　　　　D．交直流

（2）PLC 一般＿＿＿＿（能，不能）为外部传感器提供 24V 直流电源。

（3）单个常开触点与前面的触点进行串联连接的指令是（　　）。

A．A　　　　　　　B．O　　　　　　　C．AN　　　　　　D．ON

（4）PLC 常用的编程语言有：＿＿＿＿，＿＿＿＿，＿＿＿＿。

（5）CPU 226 型 PLC 本机 I/O 点数为（　　）。

A．14/10　　　　　　B．8/16　　　　　　C．24/16　　　　　　D．14/16

项目评估

表 2-1-9　项目评估表

项目名称：三相异步电动机连续控制系统设计与调试				组别：		
项目	配分	考核要求	扣分标准	扣分记录	得分	
电路设计	40 分	根据给定的控制电路图，列出 PLC 输入/输出元件地址分配表，设计梯形图及 PLC 输入/输出接线图，根据梯形图，列出指令表	（1）输入/输出地址遗漏或写错，每处扣 2 分； （2）梯形图表达不正确或画法不规范，每处扣 3 分； （3）接线图表达不正确或画法不规范，每处扣 3 分； （4）指令有错误，每条扣 2 分			
安装与接线	30 分	按照 PLC 输入/输出接线图在模拟配线板上正确安装元件，元件在配线板上布置要合理，安装要准确紧固。配线美观，下入线槽中且有端子标号，引出端要有别径压端子	（1）元件布置不整齐、不均匀、不合理，每处扣 1 分； （2）元件安装不牢固、安装元件时漏装螺钉，每处扣 1 分； （3）损坏元件，扣 5 分； （4）电动机运行正常，如不按电路图接线，扣 1 分； （5）布线不入线槽、不美观，主电路、控制电路每根扣 0.5 分； （6）接点松动、露铜过长、反圈、压绝缘层，标记线号不清楚、遗漏或误标，引出端子无别径压端子，每处扣 0.5 分； （7）损伤导线绝缘或线芯，每根扣 0.5 分； （8）不按 PLC 控制 I/O 接线图接线，每处扣 2 分			
程序输入与调试	20 分	熟练操作键盘，能正确地将所编写的程序下载到 PLC。按照被控设备的动作要求进行模拟调试，达到设计要求	（1）不熟练录入指令，扣 2 分； （2）不会用删除、插入、修改等命令，每项扣 2 分； （3）1 次试车不成功扣 4 分，2 次试车不成功扣 8 分，3 次试车不成功扣 10 分			

续表

项目	配分	考核要求	扣分标准	扣分记录	得分
安全、文明工作	10分	（1）安全用电，无人为损坏仪器、元件和设备；（2）保持环境整洁，秩序井然，操作习惯良好；（3）小组成员协作和谐，态度正确；（4）不迟到、早退、旷课	（1）发生安全事故，扣10分；（2）人为损坏设备、元器件，扣10分；（3）现场不整洁、工作不文明、团队不协作，扣5分；（4）不遵守考勤制度，每次扣2~5分		
		总分			

项目名称：三相异步电动机连续控制系统设计与调试　　　组别：

项目二　三相异步电动机正反转控制系统设计与调试

项目目标

通过本项目的学习，学生应掌握以下职业能力：

- 通过国家标准、网络、现场及其他渠道收集信息；
- 在团队协作中正确分析、解决 PLC 控制系统设计、编程、调试等实际问题；
- 掌握 PLC 编程中基本的逻辑指令的格式与功能；
- 进一步熟悉使用 STEP 7-Micro/WIN 编程软件；
- 掌握用 PLC 进行三相异步电动机的正反转运转控制的方法，实现卷扬机的 PLC 控制；
- 掌握 PLC 的编程规则；
- 企业需要的基本职业道德和素质；
- 主动学习的能力、心态和行动。

项目要求

在生产应用中，经常遇到要求电动机具有正反转控制功能。例如，电梯上下运行，行车的上下提升和左右运行，数控机床的进刀退刀等均需要对电动机进行正反转控制。如图 2-2-1 所示卷扬机的上下运行控制。要求实现当按下正转按钮时，小车上行，按下停止按钮小车停止运行。按下反转按钮时，小车下行，按下停止按钮小车停止运行。电动机为三相异步电动机（额定电压 380V，额定功率 15kW，额定转速 1378r/min，额定频率 50Hz）。

项目分析

继电器控制回路如图 2-2-2 所示，主回路中 KM1 吸合时，电动机正转，小车上行；KM2 吸合时，电动机反转，小车下行。由于电动机的电气特性要求，电动机在正向运行过程中可以直接反向运行，故可采用按钮联锁实现此功能；另外控制电动机的 KM1 和 KM2 不能同时吸合，否则会造成短路故障，这就要求接触器 KM1 和 KM2 必须互锁。（a）图为具有接触器互锁的控制回路，（b）图为具有接触器、按钮双重互锁的控制回路。

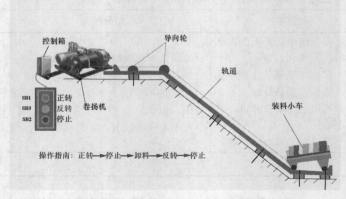

图 2-2-1　卷扬机运行控制实物模拟图

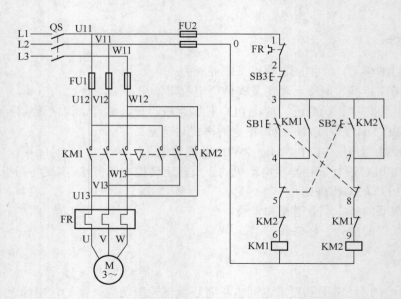

（a）主电路图　　　　　（b）接触器、按钮双重互锁控制电路

图 2-2-2　卷扬机正反转继电器控制电路图

项目实施

步骤一　主电路设计

主电路同继电器控制主电路图，如图 2-2-2（a）所示。主电路采用了 4 个电气元件，分别为断路器 QF、接触器 KM1 和 KM2、热继电器 FR。其中，KM 的线圈与 PLC 的输出点连接，FR 的辅助触点与 PLC 的输入点连接，这样可以确定主回路中需要 1 个输入点与 2 个输出点。

步骤二　确定 I/O 点总数及地址分配

在控制电路中还要有 3 个控制按钮，正转启动按钮 SB1、反转启动按钮 SB2、停止按钮 SB3。这样整个系统总的输入点数为 4 个，输出点数为 2 个。PLC 的 I/O 地址分配表如表 2-2-1 所示。

表 2-2-1　I/O 地址分配表

输入信号			输出信号		
1	I0.0	正转启动按钮 SB1	1	Q0.0	接触器　KM1
2	I0.1	反转启动按钮 SB2	2	Q0.1	接触器　KM2
3	I0.2	停止按钮 SB3			
4	I0.3	热继电器 FR			

步骤三　PLC 选型

PLC 选型时一般保留 20% 的余量，本项目控制中应选输入点 $4 \times 1.2 \approx 5$ 点，输出点 $2 \times 1.2 \approx 3$ 点（继电器输出）。通过项目一的学习，我们仍选择 S7-200 系列 CPU 221（其中输入 6 点，输出 4 点，继电器输出）。

步骤四　控制电路设计

PLC 控制的电动机正反转运行接线原理图如图 2-2-3 所示。

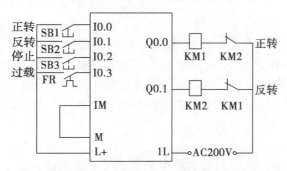

图 2-2-3　三相异步电动机正反转控制电路的 PLC 外部接线

步骤五　程序设计

"翻译法"又称接触器-继电器法，就是依据所控制电器的接触器-继电器控制线路原理图，用 PLC 对应的符号和功能相当的器件，把原来的接触器-继电器系统的控制线路直接"翻译"成梯形图程序的设计法。

继电器控制电路中的元件触点是通过不同的图形符号和文字符号来区分的，而 PLC 的触点的图形符号只有常开和常闭两种，对于不同功能的元件是通过文字符号来区分的。例如：图 2-2-4（a）所示的热继电器与停止按钮 SB2 的图形、文字符号都不相同。

第一步：将所有元件的常闭、常开触点直接转换成 PLC 的图形符号，接触器 KM 线圈替换成 PLC 的括号符号。在继电器控制线路中的熔断器是为了进行短路保护，PLC 程序不需要保护，这类元件在程序中是可以省略的。替换后如图 2-2-4（b）所示。

第二步：根据 I/O 分配表，将继电器的图形符号替换为 PLC 的内部元器件符号。替换后如图 2-2-4（c）所示。

第三步：程序优化。采用转换方式编写的梯形图应进行优化，以符合 PLC 梯形图的编程原则。

梯形图的基本绘制规则有：

① NETWORK***

NETWORK 为网络段，后面的***是网络段序号。为了使程序易读，可以在 NETWORK

后面输入程序标题或注释，但不参与程序执行。

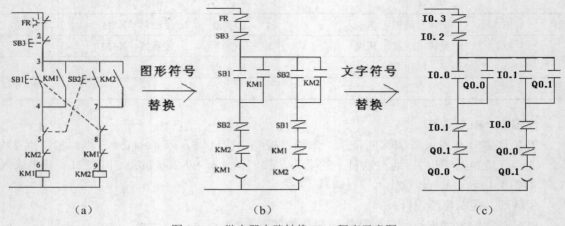

图 2-2-4　继电器电路转换 PLC 程序示意图

② 能流/使能

在梯形图中有两种基本类型的输入/输出，一种是能量流，另一种是数据，在此使用能流的概念。对于功能性指令，EN 为能流输入，为布尔类型。如果与之相连的逻辑运算结果为 1，则能量可以流过该指令盒，执行这条指令。ENO 为能流输出，如果 EN 为 1，而且正确执行了本条指令，则 ENO 输出能把能流传到下一个单元；否则，指令执行错误，能流在此中止。

③ 编程顺序

梯形图按照从上到下、从左到右的顺序绘制，每个逻辑行开始于左母线。一般来说，触点要放在左侧，线圈和指令盒放在右侧，且线圈和指令盒的右边不能再有触点，整个梯形图成阶梯型结构。

④ 编号分配

对外接电路各元件分配编号，编号的分配必须是主机或扩展模块本身实际提供的，而且是用来进行编程的。无论是输入设备还是输出设备，每个元件都必须分配不同的输入点和输出点。两个设备不能公用一个输入点和输出点。

⑤ 内、外触点的配合

在梯形图中应正确选择设备所连接的输入继电器的触点类型。输入触点用以表示用户输入设备的输入信号，用常开触点还是常闭触点，与两方面的因素有关：一是输入设备所用的触点类型，二是控制电路要求的触点类型。

⑥ 触点的使用次数

在梯形图中，同一编程元件，如输入/输出继电器、通用辅助继电器、定时器和计数器等元件的动合、动断触点可以任意多次重复使用，不受限制。

⑦ 线圈的使用次数

在绘制梯形图时，不同的多个继电器线圈可以并联输出。但同一个继电器的线圈不能重复使用，只能使用一次。

图 2-2-5 就是典型的具有自保持、热保护功能的三相异步电动机正反转运行控制梯形图。

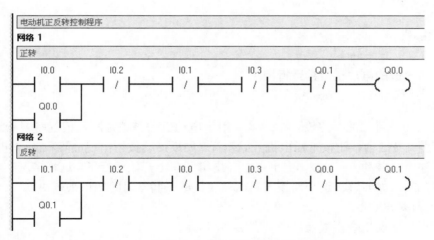

图 2-2-5　三相异步电动机正反转运行控制梯形图

步骤六　调试运行

（1）按照图 2-2-3 连接好 PLC 输入/输出接线，启动 STEP 7-Micro/WIN4.0 编程软件。

（2）建立一个新项目，录入图 2-2-5 梯形图程序，给程序加标题及网络标题。

（3）打开符号表编辑器，根据表 2-2-6 要求，将相应的符号与地址分别录入符号表的符号栏和地址栏。在"符号"处右击，选择"将符号应用于项目"。

（4）编译程序并观察编译结果，若提示错误，则修改，直至编译成功。

（5）下载程序到 PLC。

（6）建立状态表，如图 2-2-7 所示。

	符号	地址	
1	正转按钮	I0.0	
2	反转按钮	I0.1	
3	停止按钮	I0.2	
4	热继电器	I0.3	
5	正转接触器	Q0.0	
6	反转接触器	Q0.1	

图 2-2-6　建立符号表

	地址	格式	当前值
1	正转按钮:I0.0	位	
2	反转按钮:I0.1	位	
3	停止按钮:I0.2	位	
4	热继电器:I0.3	位	
5	正转接触器:Q0.0	位	
6	反转接触器:Q0.1	位	

图 2-2-7　建立状态表

（7）运行程序。

（8）进入状态表监控状态。

①输入强制操作。因为不带负载进行运行调试，所以采用强制功能模拟物理条件。对 I0.0 进行强制 ON，在对应 I0.0 的新数值列输入 1，对 I0.1～I0.3 进行强制 OFF，在对应 I0.1 的新数值列输入 0，然后单击工具栏中的"强制"按钮。

②监视运行结果。在状态表中观察数据的变化情况。

（9）通过工具栏使 PLC 进入梯形图监控状态。

① 不做任何操作，观察 I0.0、I0.1、I0.2、I0.3、Q0.0、Q0.1 的状态。

② 交替按下正反转按钮及停止按钮，观察 I0.0、I0.1、I0.2、I0.3、Q0.0、Q0.1 的状态。

（10）操作过程中同时观察输入/输出状态指示灯的亮灭情况。

项目拓展

任务一 改进的电动机自锁运行控制

1. 任务提出

在项目一和项目二的程序设计中，均使用了电动机的自锁控制，但这种自锁运行控制存在这样的问题：当启动按钮按下后电机开始运行，如果启动按钮出现故障不能弹起，按下停止按钮电机能够停止转动，一旦松开停止按钮，电机又马上开始运行了，这种情况在实际生产时是不允许存在的，如何解决这个问题呢？这需要使用下面学习的知识来解决。

2. 相关新知识

跳变触点、取反指令格式及功能如表 2-2-2 所示。

表 2-2-2 跳变触点、取反指令

类型	梯形图	语句表	功能
正跳变触点	─┤ P ├─	EU	在 EU 指令前的逻辑运算结果的上升沿产生一个脉冲，驱动后面的输出线圈
负跳变触点	─┤ N ├─	ED	在 ED 指令前的逻辑运算结果的下降沿产生一个脉冲，驱动后面的输出线圈
取反指令	─┤NOT├─	NOT	将其左侧电路的逻辑运算结果取反

说明：

① EU、ED 指令只有在输入信号发生变化时有效，其输出信号的脉冲宽度为一个机器扫描周期；

② 对于开机时就为接通状态的输入条件，EU 指令不被执行；

③ EU、ED 指令无操作数；

④ 取反指令没有操作数。执行该指令时，能流到达该触点时即停止；若能流未到达该触点，该触点为其右侧提供能流。

3. 任务解决方案

对于上述问题，采用图 2-2-8 所示的梯形图即可解决。

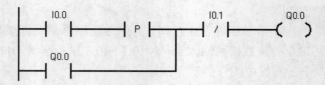

图 2-2-8 改进的控制程序

分析：按下启动按钮 I0.0，正跳变触点检测到 I0.0 的上升沿接通，线圈 Q0.0 得电，电机自锁运行，按下停止按钮 I0.1，线圈 Q0.0 断电，电机停止转动。即使按钮 I0.0 不能马上断开，由于检测不到 I0.0 的上升沿，正跳变触点也不能接通，所以停止按钮 I0.1 闭合后电机不能运行，只有在 I0.0 断开并再次按下后电机才能再次运行。

任务二　两台电动机顺序启动运行控制

1. 任务提出

试采用一个按钮控制两台电动机的依次启动，控制要求：按下按钮 SB1，第一台电动机启动；松开按钮 SB1，第二台电动机启动；按下停止按钮 SB2，两台电动机同时停止。

2. 任务解决方案

进行 I/O 分配，如表 2-2-3 所示。梯形图及语句表程序如图 2-2-9 所示。

表 2-2-3　任务二的 I/O 分配表

输入		输出	
I0.0	启动按钮 SB1	Q0.1	电机 M1 接触器 KM1
I0.1	停止按钮 SB2	Q0.2	电机 M2 接触器 KM2

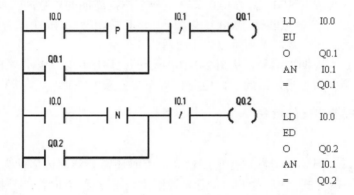

图 2-2-9　梯形图与语句表程序

使用跳变触点指令可以使两台电动机的启动时间分开，从而防止电动机同时启动对电网造成不良影响。

任务三　单按钮控制电机起停

1. 任务提出

通常一个电路的启动和停止控制由两个按钮分别完成，如项目一中的 I0.0 和 I0.1 就分别外接启动按钮和停止按钮。当一台 PLC 控制多个这种具有起停操作的电路时，将占用很多点，有时就会面临输入点不足的问题。用一个按钮控制系统的起停在微型电机控制中应用十分广泛，即按一次按钮电机启动，并保持运转，再按一次按钮，电机停止。

2. 任务解决方案

进行 I/O 分配，如表 2-2-4 所示。梯形图及语句表程序如图 2-2-10 所示。

表 2-2-4　任务三的 I/O 分配表

输入		输出	
I0.0	起停按钮 SB1	Q0.0	电机接触器 KM

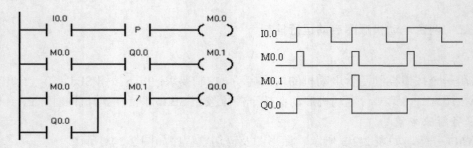

图 2-2-10　单按钮控制电机的梯形图及时序图

按下 SB1，将脉冲信号加到 I0.0 端，M0.0 产生一个扫描周期的单脉冲，使 M0.0 的常开触点闭合，由于 Q0.0 的常开触点断开，M0.1 线圈断开，其常闭触点 M0.1 闭合，Q0.0 的线圈接通并自保持；第二次按下 SB1，M0.0 又产生一个扫描周期的单脉冲，M0.0 的常开触点又接通一个扫描周期，此时 Q0.0 的常开触点闭合，M0.1 线圈通电，其常闭触点 M0.1 断开，Q0.0 线圈断开；直到第三次按下 SB1 时，M0.0 又产生一个扫描周期的单脉冲，使 M0.0 的常开触点闭合，由于 Q0.0 的常开触点断开，M0.1 线圈断开，其常闭触点 M0.1 闭合，Q0.0 的线圈又接通并自保持。以后循环往复，不断重复以上过程。

若输入信号 I0.0 为周期性信号，从图 2-2-10 所示的时序图可以看出，输出 Q0.0 波形的频率为输入 I0.0 波形频率的一半，因此，此电路也可作二分频电路。

任务四　其他需要掌握的指令

1. 任务提出

在实际应用中，不但要求能够进行程序设计，有时还需要能够读懂他人编写的程序。这些程序有的以语句表的形式出现，对于初学者来说则比较难读懂，有时需要转换成梯形图形式；有的以梯形图的形式出现，对于经验不太丰富的设计人员来说则比较容易理解；在编制控制程序时，还会出现多个分支语句表很难清楚表明触点间逻辑关系的问题，但采用堆栈操作指令则可方便地将梯形图程序转换成语句表程序，所以在这个任务中我们需要学习堆栈操作指令，处理电路同时受一个或一组触点控制的情况。如图 2-2-11 和图 2-2-12 所示的梯形图程序，如果采用前述指令转换语句表很难清楚表明触点间的逻辑关系，但采用堆栈操作指令则可方便地将梯形图程序转换成语句表程序。

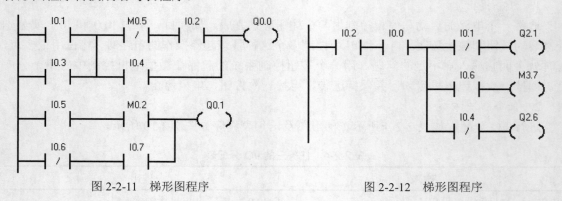

图 2-2-11　梯形图程序　　　　　　　　图 2-2-12　梯形图程序

2. 相关新知识——堆栈操作指令

S7-200 系列 PLC 提供一个 9 层的堆栈，用于保存逻辑运算结果及断点的地址，称为逻辑堆栈。

堆栈实质是一组存放数据的暂存单元，特点是"先进后出，后进先出"。每进行一次入栈操作，新值放入栈顶，原堆栈中各级栈值依次下压一级，栈底值被推出丢失，而每进行一次出栈操作，栈顶值被弹出，原堆栈各级栈值依次上弹一级。S7-200 系列 PLC 提供的堆栈指令如表 2-2-5 所示。

表 2-2-5   堆栈指令

指令类型	语句表	功能
栈装载与	ALD	电路块的"与"操作，用于串联连接多个并联电路块
栈装载或	OLD	电路块的"或"操作，用于并联连接多个串联电路块
逻辑入栈指令	LPS	该指令复制栈顶值并将其压入堆栈的下一层，栈中原来的数据依次下移一层，栈底值被压出堆栈丢失
逻辑读栈指令	LRD	该指令将堆栈中第 2 层的数据复制到栈顶，2～9 层数据不变，原栈顶值消失
逻辑出栈指令	LPP	该指令使栈中各层的数据向上移动一层，第 2 层的数据成为新的栈顶值，栈顶原来的数据从栈内消失

说明：

① 并联电路块是指两条以上支路并联形成的电路，并联电路块与其前电路串联连接时使用 ALD 指令，电路块开始的触点使用 LD/LDN 指令，并联电路结束后使用 ALD 指令与前面电路串联；

② 可以依次使用 ALD 指令串联多个并联电路块，如图 2-2-13 所示；

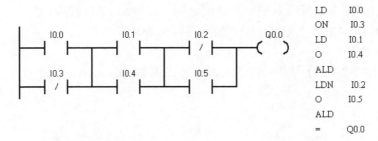

图 2-2-13   使用 ALD 指令的多个并联电路块

③ 串联电路块是指两个以上触点串联形成的支路，串联电路块与其前电路并联连接时使用 OLD 指令，电路块开始的触点使用 LD/LDN 指令，串联电路块结束后使用 OLD 指令与前面电路并联；

④ 可以依次使用 OLD 指令并联多个串联电路块，如图 2-2-14 所示；

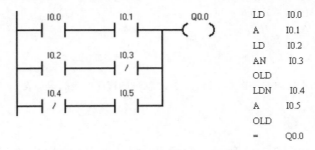

图 2-2-14   使用 OLD 指令的多个串联电路块

⑤ LPS、LRD、LPP 指令用于多个分支电路同时受一个或一组触点控制的情况，LPS 指令用于生成一条新的母线（假设的概念，有助于理解指令的使用），其左侧为原来的主逻辑块，右侧为新的从逻辑块，LPS 指令用于对右侧一个从逻辑块编程；LRD 用于对第二个及以后的从逻辑块编程；LPP 用于对新母线右侧最后一个从逻辑块编程，在读取完离它最近的 LPS 压入堆栈内容的同时复位该条新母线；

⑥ 逻辑堆栈指令可以嵌套使用，但受堆栈空间限制，最多只能使用 9 次，如图 2-2-15 所示；

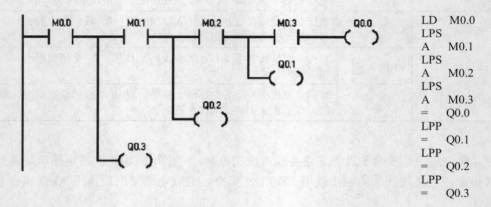

图 2-2-15　逻辑堆栈指令的嵌套使用

⑦ LPS 和 LPP 指令必须成对使用，它们之间可以使用 LRD 指令；

⑧ ALD、OLD、LPS、LRD 和 LPP 指令无操作数。

3．任务解决方案

图 2-2-11 和图 2-2-12 分别对应的语句表程序如图 2-2-16 所示。

LD	I0.1	LD	I0.2
O	I0.3	A	I0.0
LDN	M0.5	LPS	
A	I0.2	AN	I0.1
O	I0.4	=	Q2.1
ALD		LRD	
=	Q0.0	A	I0.6
		=	M3.7
LD	I0.5	LPP	
A	M0.2	AN	I0.4
LDN	I0.6	=	Q2.6
A	I0.7		
OLD			
=	Q0.1		

图 2-2-16　图 2-2-11、2-2-12 梯形图程序对应的语句表

任务训练

自动循环控制电路如图 2-2-17 所示，通过"翻译法"用 PLC 控制实现其功能。

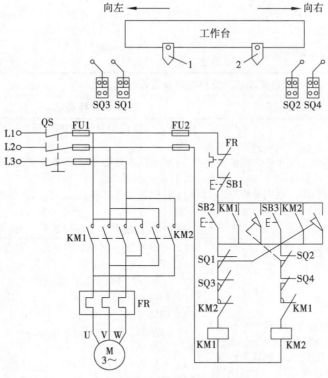

图 2-2-17　自动循环控制电路

知识测评

（1）输出继电器的常开触点在逻辑行中可以使用多少次？（　　）

　　A．1 次　　　　　　　　　　　　B．10 次

　　C．100 次　　　　　　　　　　　D．无限次

（2）在正反转或其他控制回路中，如果存在接触器同时动作会造成电气故障时，应增加什么解决办法？（　　）

　　A．按钮互锁　　　　　　　　　　B．内部输出继电器互锁

　　C．内部输入继电器互锁　　　　　D．外部继电器互锁

（3）表示逻辑块与逻辑块之间串联的指令是（　　）。

　　A．AN　　　　　B．ALD　　　　　C．ON　　　　　D．OLD

（4）集中使用 OLD 指令的次数不超过多少次？（　　）

　　A．1次　　　　　B．2次　　　　　C．8次　　　　　D．10 次

（5）正跳变触发（上升沿）指输入脉冲的上升沿，使触点 ON 一个扫描周期。下列指令中（　　）为跳变触发指令。

　　A．─┤P├─　　　　　　　　　　B．─┤N├─

　　C．─(S)─　　　　　　　　　　D．─(R)─
　　　　　Q0.0　　　　　　　　　　　　　Q0.0
　　　　　　1　　　　　　　　　　　　　　1

项目评估

表 2-2-6　项目评估表

项目	配分	考核要求	扣分标准	扣分记录	得分
项目名称：三相异步电动机正反转控制系统设计与调试　　组别：					
电路设计	40 分	根据给定的控制电路图，列出 PLC 输入/输出元件地址分配表，设计梯形图及 PLC 输入/输出接线图，根据梯形图，列出指令表	（1）输入/输出地址遗漏或写错，每处扣 2 分； （2）梯形图表达不正确或画法不规范，每处扣 3 分； （3）接线图表达不正确、不规范，每处扣 3 分； （4）指令有错误，每条扣 2 分		
安装与接线	30 分	按照 PLC 输入/输出接线图在模拟配线板上正确安装元件，元件在配线板上布置要合理，安装要准确紧固。配线美观，下入线槽中且有端子标号，引出端要有别径压端子	（1）元件布置不整齐、不均匀、不合理，每处扣 1 分； （2）元件安装不牢固、安装元件时漏装螺钉，每处扣 1 分； （3）损坏元件，扣 5 分； （4）电动机运行正常，如不按电路图接线，扣 1 分； （5）布线不入线槽、不美观，主电路、控制电路每根扣 0.5 分； （6）接点松动、露铜过长、反圈、压绝缘层，标记线号不清楚、遗漏或误标，引出端子无别径压端子，每处扣 0.5 分； （7）损伤导线绝缘或线芯，每根扣 0.5 分； （8）不按 PLC 控制 I/O 接线图接线，每处扣 2 分		
程序输入与调试	20 分	熟练操作键盘，能正确地将所编写的程序下载到 PLC；按照被控设备的动作要求进行模拟调试，达到设计要求	（1）不熟练录入指令，扣 2 分； （2）不会用删除、插入、修改等命令，每项扣 2 分； （3）1 次试车不成功扣 4 分，2 次试车不成功扣 8 分，3 次试车不成功扣 10 分		
安全、文明工作	10 分	（1）安全用电，无人为损坏仪器、元件和设备； （2）保持环境整洁，秩序井然，操作习惯良好； （3）小组成员协作和谐，态度正确； （4）不迟到、早退、旷课	（1）发生安全事故，扣 10 分； （2）人为损坏设备、元器件，扣 10 分； （3）现场不整洁、工作不文明、团队不协作，扣 5 分； （4）不遵守考勤制度，每次扣 2～5 分		
总分					

项目三　三相异步电动机 Y-△降压启动控制系统设计与调试

项目目标

通过本项目的学习，学生应掌握以下职业能力：

- 通过国家标准、网络、现场及其他渠道收集信息；
- 在团队协作中正确分析、解决 PLC 控制系统设计、编程、调试等实际问题；
- 掌握 PLC 编程中定时器指令、计数器指令的使用方法；
- 进一步熟悉使用 STEP 7-Micro/WIN 编程软件；
- 掌握用 PLC 进行三相异步电动机的 Y-△降压启动控制方法；
- 企业需要的基本职业道德和素质；
- 主动学习的能力、心态和行动。

项目要求

在工业生产中需要使用大量的电气设备，一般同一企业的电气设备都处于同一电网。同一电网的电气设备在使用中会互相影响。这是因为在电动机启动时，产生大电流，会使正在运行的其他电气设备电压波动或降低，影响其使用效果甚至会被低压保护而停止运行，以至影响工业生产的正常运行。为避免这种现象发生，我们要对大功率电机采用降压启动。Y-△降压启动方法简便且经济，使用较为普遍，但其启动转矩只有全压启动的 1/3，故只适用于空载或轻载启动，如风机，水泵等。

有一台功率较大的三相异步电动机(额定电压 380V，额定功率 37kW，额定转速 1378r/min，额定频率 50Hz)，如图 2-3-1 所示。厂方要求对 22kW 以上的电动机采用 Y-△降压启动的方法进行控制。请用 S7-200 PLC 实现控制要求。

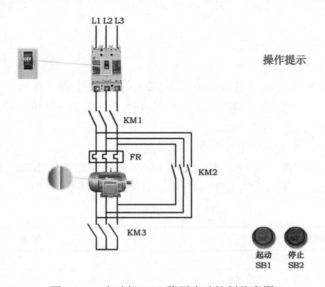

图 2-3-1　电动机 Y-△降压启动控制仿真图

技术指标：当按下启动按钮 SB1 时，电动机与三相电源以星型连接启动运行，10s 后改为三角型连接正常运行。按下停止按钮 SB2 时，电动机停止运行。

项目分析

在传统继电器控制系统中，通常采用 1 只断路器、3 只交流接触器、1 只热保护继电器、若干按钮、定时器等电器元件构成控制系统。如图 2-3-2 所示，上开关 QF 后，按下启动按钮 SB1，KM1 吸合并形成自保，同时 KM3 吸合，电机按星型接法降压启动，同时通电延时定时器 KT 线圈得电开始工作；定时器 KT 延时时间到后，其延时断开常闭触点断开，KM3 失电，其延时闭合常开触点闭合，KM2 得电，电动机按三角型接法运行。按下按钮 SB2，KM1、KM2 均失电，电动机停转。

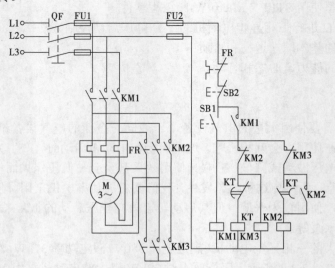

图 2-3-2   电动机 Y-△降压启动继电器控制电路图

本项目任务要求用 PLC 实现。主电路不变，控制回路改为 PLC 控制。

项目实施

步骤一   主电路设计

主电路同继电器控制系统主电路，如图 2-3-2 所示的主电路共采用了 5 个元件，其中 1 个热保护继电器 FR，3 个接触器 KM1、KM2 和 KM3，1 个断路器 QF。可以确定主电路需要的输入点数为 1 点，输出点数为 3 点。

步骤二   确定 I/O 点总数及地址分配

根据控制要求，在控制回路中还有启动按钮 SB1 和停止按钮 SB2。这样整个系统总的输入点数为 3 个，输出点数为 3 个。I/O 地址分配如表 2-3-1 所示。

表 2-3-1   I/O 地址分配表

	输入信号			输出信号	
1	I0.0	启动按钮 SB1	1	Q0.0	接触器 KM1
2	I0.1	停止按钮 SB2	2	Q0.1	接触器 KM2
3	I0.2	热继电器 FR	3	Q0.2	接触器 KM3

步骤三　PLC 选型

本控制中应选输入点 3×1.2≈4 点，输出点 3×1.2≈4 点（继电器输出）。通过查找西门子产品手册，选定 S7-200 系列 CPU 222（其中输入 8 点，输出 6 点，继电器输出）。

步骤四　控制电路设计

PLC 控制的电动机 Y-△降压启动控制接线原理图如图 2-3-3 所示。

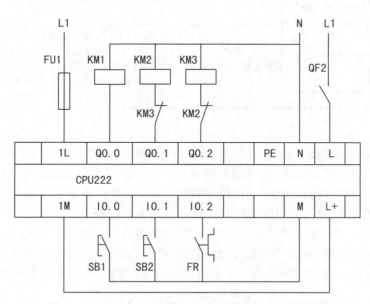

图 2-3-3　电动机 Y-△降压启动控制的 PLC 外部接线

步骤五　程序设计

相关知识

1. 定时器指令

电动机 Y-△降压启动控制在传统继电器控制中需要使用时间继电器，而使用 PLC 控制则需要使用定时器指令。

定时器是 PLC 中最常用器件之一，准确用好定时器对于 PLC 程序设计非常重要。S7-200 PLC 的 CPU 22X 系列的定时器有 3 种类型：接通延时型 TON、保持型（有记忆的）接通延时型 TONR、断开延时型 TOF。

定时器指令用来规定定时器的功能，表 2-3-2 为西门子 S7-200 系列 PLC 定时器指令表，3 条指令规定了三种不同功能的定时器。

表 2-3-2　定时器指令类别表

定时器类型	梯形图	语句表	功能
接通延时定时器（TON）	T××× ─IN　TON ─PT	TON　T×××, PT	使能输入端（IN）的输入电路接通时开始定时，当前值大于等于预置时间 PT 端指定的设定值时，定时器位变为 ON，梯形图中对应的定时器的常开触点闭合，常闭触点断开。达到设定值后，当前值继续计数，直到最大值时停止

续表

定时器类型	梯形图	语句表	功能
断开延时定时器（TOF）	T××× IN TOF PT	TOF T×××, PT	使能输入端接通时，定时器当前值被清零，同时定时器位变为 ON。当输入端断开时，当前值从 0 开始增加达到设定值时，定时器位变为 OFF，对应梯形图中常开触点断开，常闭触点闭合，当前值保持不变
保持型接通延时定时器（TONR）	T××× IN TONR PT	TONR T×××, PT	输入端接通时开始定时，定时器当前值从 0 开始增加，当未达到定时时间而输入端断开时，定时器当前值保持不变，当输入端再次接通时，当前值继续增加，直到当前值累计增加达到设定值时，定时器位变为 ON

说明：

①T×××表示定时器号，IN 表示输入端，PT 端的取值范围是 1～32767。

②PT 预置值（也叫设定值），预置值即编程时设定的延时时间的长短，PLC 定时器采用时基计数及与预置值比较的方式确定延时时间是否达到，时基计数值称为当前值，存储在当前值寄存器中，预置值在使用梯形图编程时，标在定时器功能框的 PT 端。

分辨率是指定时器单位时间的时间增量，也称时基增量，S7-200 提供 1ms、10ms、100ms 三种分辨率的定时器。分辨率不同的定时器其定时精度、定时范围和定时器刷新方式也不相同，定时器与分辨率的关系如表 2-3-3 所示。定时器的设定时间等于设定值与分辨率的乘积，即：

$$设定时间＝设定值×分辨率$$

表 2-3-3　定时器号与分辨率

定时器类型	分辨率	最大定时范围	定时器号
TONR	1ms	32.767s	T0，T64
	10ms	327.67s	T1-T4，T65-T68
	100ms	3276.7s	T5-T31，T69-T95
TON、TOF	1ms	32.767s	T32，T96
	10ms	327.67s	T33-T36，T97-T100
	100ms	3276.7s	T37-T63，T101-T255

③定时器的当前值寄存器用于存储定时器累计的时基增量值，其存储值是 16 位有符号整数 1～32767。定时器位用来描述定时器的延时动作的触点状态，定时器位为 ON 时，梯形图中对应的常开触点闭合，常闭触点断开；为 0 时则触点状态相反。

④接通延时定时器输入电路断开时，定时器自动复位，即当前值被清零，定时器位变为 OFF。

⑤TON 与 TOF 指令不能共享同一个定时器号，即在同一程序中，不能对同一个定时器同时使用 TON 与 TOF 指令。

⑥断开延时定时器 TOF 可以用复位指令进行复位。

⑦保持型接通定时器只能使用复位指令进行复位，即定时器当前值被清零，定时器位变为 OFF。

⑧保持型接通定时器可实现累计输入端接通时间的功能。

分析以下程序及其时序图，有助于帮你更好地理解定时器指令的应用。

① 接通延时定时器程序与时序图如图 2-3-4 所示。

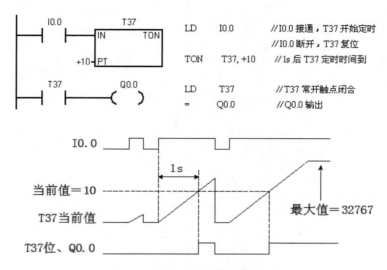

图 2-3-4　接通延时定时器程序与时序图

② 断开延时定时器程序与时序图如图 2-3-5 所示。

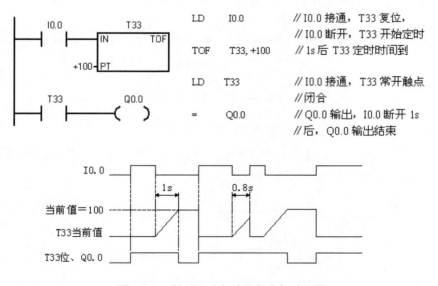

图 2-3-5　断开延时定时器程序与时序图

③ 保持型接通延时定时器程序与时序图如图 2-3-6 所示。

应用举例

【例 1】使用接在 I0.0 输入端的光电开关检测传送带上通过的产品，有产品通过时 I0.0 为 ON，如果在 10s 内没有产品通过，由 Q0.0 发出报警信号，用 I0.1 输入端外接的开关解除报警信号。试设计该控制程序。

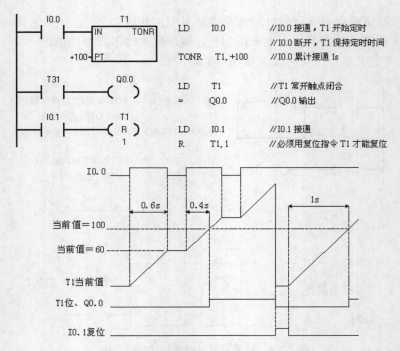

图 2-3-6   保持型接通延时定时器与时序图

根据控制要求设计的梯形图程序如图 2-3-7 所示。

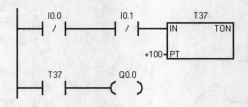

图 2-3-7   梯形图程序

【例 2】用定时器设计输出脉冲的周期和占空比可调的振荡电路（又称为闪烁电路）。根据控制要求设计程序如图 2-3-8 所示。

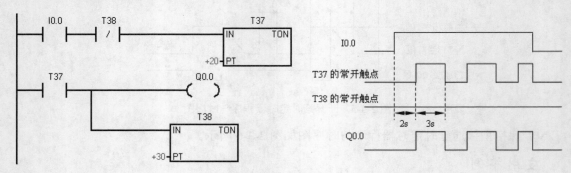

图 2-3-8   闪烁电路梯形图程序与波形图

【例 3】用定时器设计延时接通、延时断开的电路，要求输入 I0.0 和输出 Q0.1 的波形如图 2-3-9 所示。

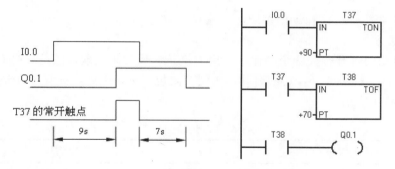

图 2-3-9 延时接通、延时断开电路

动动脑吧

上述电路如何实现延时接通、延时断开控制的？

参考程序

根据上述知识点设计电动机 Y-△降压启动控制系统的控制程序，如图 2-3-10 所示。

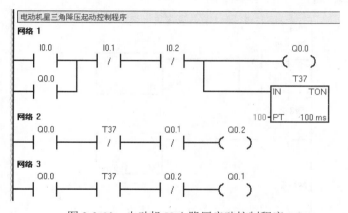

图 2-3-10 电动机 Y-△降压启动控制程序

步骤六 调试运行

（1）在断电状态下，连接好 PC/PPI 电缆。打开机箱电源。

（2）按照图 2-3-3 在实验箱上进行接线，检查无误后打开 24V 电源。

（3）PC 机上运行 STEP 7-Micro/WIN4.0 编程软件。

（4）编写控制程序，并进行编译、下载。

（5）运行程序，观察控制过程。

（6）按下启动按钮 SB1，观察 KM1、KM3 是否立即吸合，电动机以 Y 型连接启动。10s 后 KM2 断开，KM3 吸合，电动机以△型连接运行。

（7）按下停止按钮 SB1，KM1、KM2 断开，观察电动机是否能够停止。

项目拓展

任务一 银行自动门控制

1. 任务提出

某银行自动门，在门内侧和外侧各装有一个超声波探测器，探测器探测到有人后 0.5s 自动门打开；探测到无人后 1s 自动门关闭。试编程实现之。

2．任务解决方案

该任务中自动门有开、关两个动作，可用电机正、反转来实现，因此，共有两个输出信号。输入信号除两个探测器外，还应有开、关两个限位开关，因此，共有 4 个输入信号。I/O 地址分配如表 2-3-4 所示。

表 2-3-4　I/O 地址分配表

输入信号			输出信号		
1	I0.0	内探测器	1	Q0.0	开门接触器　KM1
2	I0.1	外探测器	2	Q0.1	关门接触器　KM2
3	I0.2	开限位开关 SQ1			
4	I0.3	关限位开关 SQ2			

根据任务要求编写程序如图 2-3-11 所示。

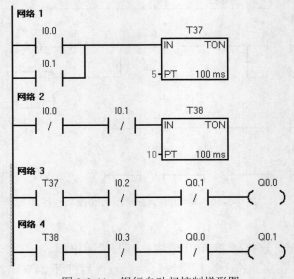

图 2-3-11　银行自动门控制梯形图

动动脑吧

上述程序中输出 Q0.0 和 Q0.1 是否需要加自锁，为什么？

任务二　运料小车两地往返运动控制

1．任务提出

在自动化生产线中，要求小车在两地之间自动往返运行的情况很多。这是典型的顺序控制，利用定时器或计数器可实现控制要求。如图 2-3-12 所示，小车在煤场和煤仓两地间自动往返运煤。选择三相异步电动机（额定电压 380V，额定功率 15kW，额定转速 1378r/min，额定频率 50Hz）控制小车运行。

控制过程是：按下启动按钮 SB1，小车左行。当小车到达煤场后，触发行程开关 SQ1，小车停留 5s，装料。定时时间到后，小车启动右行，当小车到达煤仓后，触发行程开关 SQ2，小车停留 8s，卸料。定时时间到后，小车左行回到煤场准备下一次的运煤过程。按下停止按钮 SB2，小车停止运行。

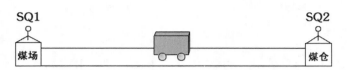

图 2-3-12　小车在甲乙两地间自动往复运动模拟图

2．任务分析

小车的往返运行，实质是电动机的正反转控制。根据电机正反转的要求，主回路中 KM1 吸合时，电动机正转运行；KM2 吸合时，电动机反转运行。电动机在运行过程中不能直接反向运行。在操作过程中，当小车到达煤场后，停留数秒，待电动机停止后，再启动反向运行（相当于小车装料）；同样，当小车到达煤仓后，停留数秒，待电动机停止后，再启动正向运行（相当于小车卸料）。

3．任务解决方案

任务中除了启动按钮 SB1 和停止按钮 SB2 外，还有两个行程开关 SQ1 和 SQ2，因此，共有 4 个输入信号。输出点数为 2 个。PLC 的 I/O 地址分配如表 2-3-5 所示，PLC 接线图如图 2-3-13 所示。

表 2-3-5　I/O 地址分配表

	输入信号			输出信号	
1	I0.0	启动按钮 SB1	1	Q0.0	左行接触器　KM1
2	I0.1	停止按钮 SB2	2	Q0.1	右行接触器　KM2
3	I0.2	行程开关 SQ1			
4	I0.3	行程开关 SQ2			

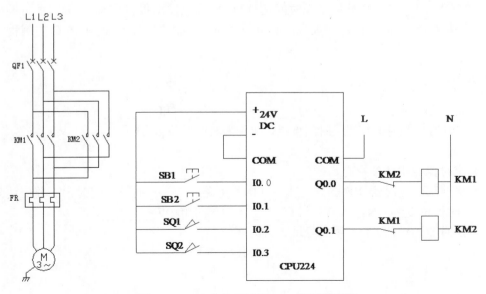

图 2-3-13　小车往返运行 PLC 控制原理图

前面学习了 PLC 实现电机的正反转控制，我们在此基础上采用逐步增加相应功能的编程方法来实现顺序控制，从中借鉴程序设计的思路。图 2-3-14 为运料小车两地自动往返运行控制程序。

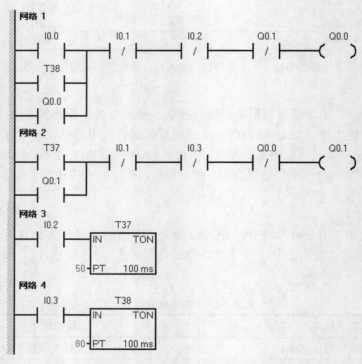

图 2-3-14　运料小车两地自动往返运行控制程序

任务训练

某设备间歇性工作，要求总工作时间达 300s 后系统发出报告信息。工作时 I0.1 得电，工作时间到达由 Q0.1 报告信息，报告信息复位由 I0.2 得电控制。请设计 PLC 控制程序并进行调试。

知识测评

（1）定时器按照工作方式可分为_____、_____和_____三种类型。

（2）定时器按照时基标准（时间增量，或称为时间单位），分为_____ms、_____ms 和_____ms 三种类型。

（3）定时器的主要参数有_____、_____和_____。

（4）接通延时定时器（TON）的输入（IN）电路_____时开始定时，当前值达到预设值时，其定时器位变为 ON，其常开触点_____，常闭触点_____。

（5）定时器预设值 PT 采用的寻址方式为（　　）。

　　A. 位寻址　　　　　　　　　　　B. 字寻址

　　C. 字节寻址　　　　　　　　　　D. 双字寻址

项目评估

表 2-3-6 项目评估表

项目名称：三相异步电动机 Y-△ 降压启动控制系统设计与调试 　　　　　　组别：

项目	配分	考核要求	扣分标准	扣分记录	得分
电路设计	40 分	根据给定的控制电路图，列出 PLC 输入/输出元件地址分配表，设计梯形图及 PLC 输入/输出接线图，根据梯形图，列出指令表	(1) 输入/输出地址遗漏或写错，每处扣 2 分； (2) 梯形图表达不正确或画法不规范，每处扣 3 分； (3) 接线图表达不正确或画法不规范，每处扣 3 分； (4) 指令有错误，每条扣 2 分		
安装与接线	30 分	按照 PLC 输入/输出接线图在模拟配线板上正确安装元件，元件在配线板上布置要合理，安装要准确紧固。配线美观，下入线槽中且有端子标号，引出端要有别径压端子	(1) 元件布置不整齐、不均匀、不合理，每处扣 1 分； (2) 元件安装不牢固、安装元件时漏装螺钉，每处扣 1 分； (3) 损坏元件，扣 5 分； (4) 电动机运行正常，如不按电路图接线，扣 1 分； (5) 布线不入线槽、不美观，主电路、控制电路每根扣 0.5 分； (6) 接点松动、露铜过长、反圈、压绝缘层、标记线号不清楚、遗漏或误标，引出端子无别径压端子，每处扣 0.5 分； (7) 损伤导线绝缘或线芯，每根扣 0.5 分； (8) 不按 PLC 控制 I/O 接线图接线，每处扣 2 分		
程序输入与调试	20 分	熟练操作键盘，能正确地将所编写的程序下载到 PLC；按照被控设备的动作要求进行模拟调试，达到设计要求	(1) 不熟练录入指令，扣 2 分； (2) 不会用删除、插入、修改等命令，每项扣 2 分； (3) 1 次试车不成功扣 4 分，2 次试车不成功扣 8 分，3 次试车不成功扣 10 分		
安全、文明工作	10 分	(1) 安全用电，无人为损坏仪器、元件和设备； (2) 保持环境整洁，秩序井然，操作习惯良好； (3) 小组成员协作和谐，态度正确； (4) 不迟到、早退、旷课	(1) 发生安全事故，扣 10 分； (2) 人为损坏设备、元器件，扣 10 分； (3) 现场不整洁、工作不文明，团队不协作，扣 5 分； (4) 不遵守考勤制度，每次扣 2～5 分		
总分					

阅读吧

1. SIMATIC S7-300 PLC

S7-300 是模块化小型 PLC 系统，能满足中等性能应用的要求。各种单独的模块之间可进行广泛组合构成不同要求的系统。与 S7-200 PLC 比较，S7-300 PLC 采用模块化结构，具备高速（0.6～0.1μs）的指令运算速度；用浮点数运算，比较有效地实现了更为复杂的算术运算；是一个带标准用户接口的软件工具，方便用户给所有模块进行参数赋值；方便的人机界面服务已经集成在 S7-300 操作系统内，人机对话的编程要求大大减少。SIMATIC 人机界面（HMI）从 S7-300 中取得数据，S7-300 按用户指定的刷新速度传送这些数据。S7-300 操作系统自动地处理数据的传送；CPU 智能化的诊断系统连续监控系统的功能是否正常、记录错误和特殊系统事件（例如：超时、模块更换等）；多级口令保护可以使用户高度、有效地保护其技术机密，防止未经允许的复制和修改；S7-300 PLC 设有操作方式选择开关，操作方式选择开关像钥匙一样可以拔出，当钥匙拔出时，就不能改变操作方式，这样就可防止非法删除或改写用户程序。S7-300 PLC 具备强大的通信功能，可通过编程软件 STEP 7 的用户界面提供通信组态功能，这使得组态非常容易、简单。S7-300 PLC 具有多种不同的通信接口，并通过多种通信处理器来连接 AS-I 总线接口和工业以太网总线系统；串行通信处理器用来连接点到点的通信系统；多点接口（MPI）集成在 CPU 中，用于同时连接编程器、PC 机、人机界面系统及其他 SIMATIC S7/M7/C7 等自动化控制系统。

2．SIMATIC S7-400 PLC

S7-400 PLC 是用于中、高档性能范围的可编程序控制器。

S7-400 PLC 采用模块化无风扇的设计，可靠耐用，同时可以选用多种级别（功能逐步升级）的 CPU，并配有多种通用功能的模板，这使用户能根据需要组合成不同的专用系统。当控制系统规模扩大或升级时，只要适当地增加一些模板，便能使系统升级，充分满足需要。

思考与练习

1．如何给 S7-200 CPU 供电？

2．S7-200 系列 PLC 的是如何编址的？

3．S7-200 系列 PLC 有哪几种寻址方式？

4．梯形图与语句表转换

写出题图 2-1 所示梯形图的语句表程序；画出如下语句表对应的梯形图。

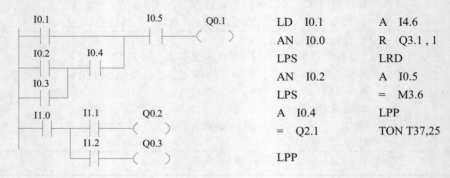

LD	I0.1		A	I4.6
AN	I0.0		R	Q3.1, 1
LPS			LRD	
AN	I0.2		A	I0.5
LPS			=	M3.6
A	I0.4		LPP	
=	Q2.1		TON	T37,25
LPP				

题图 2-1

5．两台电动机顺序控制：启动时，电动机 M1 先启动，电动机 M1 启动后，才能启动电动机 M2；停止时，电动机 M1、M2 同时停止。

要求：列出 I/O 分配表，编写控制程序并上机调试。

6. 三台电动机顺序控制：设 Q0.0、Q0.1、Q0.2 分别驱动 3 台电动机的电源接触器，I0.5 为 3 台电动机依次启动的按钮，I0.6 为 3 台电动机同时停车的按钮，要求 3 台电动机依次启动的时间间隔为 10s，要求：编写控制程序并上机调试。

要求：列出 I/O 分配表，编写控制程序并上机调试。

7. 利用定时器产生一波形，占空比为 4:1，周期为 2.5s。

8. 按下照明灯的按钮，灯亮 10s，在此期间若又有人按按钮，定时时间从头开始。要求：列出 I/O 分配表，编写控制程序并上机调试。

9. 料箱盛料过少时，低限位开关 I0.0 为 ON，Q0.0 控制报警闪动。10s 后自动停止报警，按复位按钮 I0.1 也停止报警。要求：编写控制程序并上机调试。

10. 在生产实践中，有时要求一个拖动系统中多台电机实现先后顺序工作，例如，机床中的润滑电动机启动后，主轴电动机才能启动。有时控制系统要求正常启动后各工序能自动循环执行，如题图 2-2 所示时序：用 I0.0 控制流水线四道工序的分级定时，I0.0=ON 时，启动和运行；I0.0=OFF 时停机。而且每次启动均从第一道工序开始，循环进行。要求：编写控制程序并上机调试。

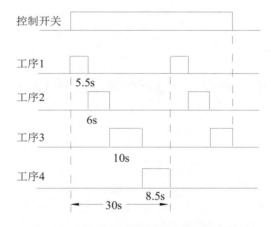

题图 2-2　顺序控制和自动循环控制时序图

模块三 彩灯 PLC 控制系统的设计与调试

学习了本模块后，你将会……
- 掌握 PLC 控制系统设计及调试的一般方法；
- 能对小型 PLC 控制系统进行软硬件设计；
- 掌握 S7-200 系列 PLC 比较指令、移位指令等部分功能指令的使用方法；
- 熟悉梯形图的编程技巧；

PLC 理实一体化实训室

项目四 交通信号灯控制系统的设计与调试

项目目标

通过本项目的学习，学生应掌握以下职业能力：
- 通过国家标准、网络、现场及其他渠道收集信息；
- 在团队协作中正确分析、解决 PLC 控制系统设计、编程、调试等实际问题；
- 熟练 S7-200 CPU 外围端子的接线操作；
- 掌握 PLC 中计数器指令、比较指令的格式与功能；
- 掌握在程序中使用内部辅助寄存器来辅助实现控制功能的方法；
- 掌握用 PLC 进行彩灯控制的方法，实现交通灯的 PLC 控制；
- 企业需要的基本职业道德和素质；
- 主动学习的能力、心态和行动。

项目要求

如图 3-4-1 十字路口交通灯控制示意图。请用 PLC 实现交通信号灯控制要求。

控制要求如下：合上空气开关 QF 后，PLC 控制系统进入准备工作状态。

1. 自动运行控制，将手动/自动旋转开关旋转到自动位置。按下启动按钮 SB0，交通信号灯运行工作；按下停止按钮 SB1，交通信号灯运行停止。信号灯一个工作周期时序如下：

路口某方向绿灯显示（另一方向亮红灯）20s 后，黄灯以占空比为 50% 的 2s 周期（1s 脉冲宽度）闪烁 3 次（此时另一方向仍亮红灯），然后变为红灯（此时另一方向绿灯亮 20s，黄灯闪烁），如此循环工作。

2. 手动运行控制，将手动/自动旋转开关旋转到手动位置。信号灯工作过程如下：

按下按钮 SB2，南北红灯、东西绿灯亮，表示东西方向强行通行；按下 SB1，南北红灯、东西绿灯同时灭；按下按钮 SB3，南北绿灯、东西红灯亮，表示南北方向强行通行；按下 SB1，南北绿灯、东西红灯同时灭。

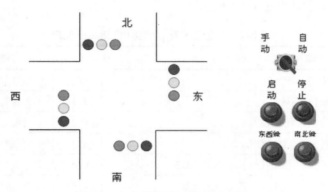

图 3-4-1　交通信号灯控制示意图

项目分析

手动/自动开关旋转到自动位置时，手动运行按钮不起作用；同样，手动/自动开关旋转到手动位置时，自动控制的启动按钮不起作用。

交通信号灯的自动循环控制，是按照时间顺序周期工作。时序分析是编制程序的基本依据，根据交通灯的控制要求，采用时序波形分析的方法，灯灭为 0 状态，灯亮为 1 状态，分别画出每种灯的时序波形，尤其根据波形图需要分析出每盏灯在每个周期内的亮灯时刻，作为编程依据。根据要求画出交通信号灯控制时序图，如图 3-4-2 所示。

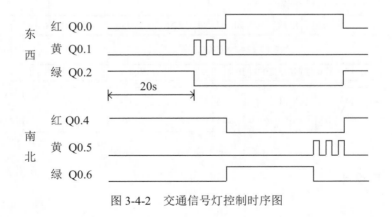

图 3-4-2　交通信号灯控制时序图

项目实施

步骤一　确定 I/O 点总数及地址分配

系统中需要有两个控制按钮，启动按钮 SB0 和停止按钮 SB1；一个转换开关，包括自动位置 SA_1 和手动位置 SA_2；东西绿灯、南北红灯亮控制按钮 SB2；东西红灯、南北绿灯亮控制按钮 SB3；南北红灯 SNR、黄灯 SNY 和绿灯 SNG；东西红灯 EWR、黄灯 EWY 和绿灯 EWG。这样总的输入点为 6 个，输出点为 6 个。

对于同一路口（对面）2 只相同颜色的信号灯用 PLC 的一个输出触点来驱动，这一点在后面的电路接线中要加以注意。

PLC 的 I/O 地址分配如表 3-4-1 所示。

表 3-4-1　交通信号灯控制 I/O 地址分配表

		输入信号			输出信号
1	I0.0	启动按钮 SB0	1	Q0.0	东西红灯 HL0
2	I0.1	停止按钮 SB1	2	Q0.1	东西黄灯 HL1
3	I0.2	转换开关自动位置 SA_1	3	Q0.2	东西绿灯 HL2
4	I0.3	转换开关手动位置 SA_2	4	Q0.3	南北红灯 HL3
5	I0.4	东西绿灯、南北红灯控制按钮 SB2	5	Q0.4	南北黄灯 HL4
6	I0.5	东西红灯、南北绿灯控制按钮 SB3	6	Q0.5	南北绿灯 HL5

步骤二　PLC 选型

根据控制系统的要求，考虑到系统的扩展（如增加左转弯）和功能，选用一台晶体管输出结构的 CPU 224（输入 14、输出 10）小型 PLC 作为交通灯的控制核心。

步骤三　控制电路设计

参照 PLC 的 I/O 分配表，结合系统的电气要求，设计信号灯采用直流 24V 电源供电，并且负载电流很小，可由 PLC 输出接点直接驱动，交通灯 PLC 控制电气接线如图 3-4-3 所示。

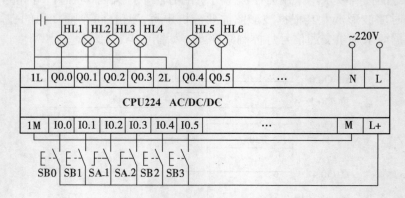

图 3-4-3　交通信号灯控制接线图

步骤四　程序设计

相关知识

1. 计数器指令

S7-200 系列 PLC 提供三种计数器：加计数器、减计数器和加减计数器，用来累计输入脉冲的次数，在实际应用中用来对产品进行计数或完成复杂的逻辑控制任务。计数器的使用和定时器基本类似，编程时各输入端都应有位控制信号，计数器累计它的脉冲输入端信号上升沿的个数，依据设定值及计数器类型决定动作时刻，以便完成计数控制任务。计数器指令的格式如表 3-4-2 所示。

表 3-4-2 计数器指令

计数器类型	梯形图	语句表	功能
加计数器 （CTU）	Cxxx CU CTU R PV	CTU C×××,PV	加计数器（CTU）的复位端 R 断开且脉冲输入端 CU 检测到输入信号正跳变时当前值加 1，直到达到 PV 端设定值时，计数器位变为 ON
减计数器 （CTD）	Cxxx CD CTD LD PV	CTD C×××,PV	减计数器（CTD）的装载输入端 LD 断开且脉冲输入端 CD 检测到输入信号正跳变时当前值从 PV 端的设定值开始减 1，变为 0 时，计数器位变为 ON
加减计数器 （CTUD）	Cxxx CU CTUD CD R PV	CTUD C×××,PV	加减计数器（CTUD）的复位端 R 断开且加输入端 CU 检测到输入信号正跳变时当前值加 1，当减输入端 CD 检测到输入信号正跳变时当前值减 1，当前值大于等于 PV 端设定值时，计数器位变为 ON

说明：

①三种计数器号的范围都是 0～255，设定值 PV 端的取值范围都是 1～32767；

②不能重复使用同一个计数器的线圈编号，即每个计数器的线圈编号只能使用 1 次；

③可以使用复位指令对加计数器进行复位；

④减计数器的装载输入端 LD 为 ON 时，计数器位被复位，设定值被装入当前值；对于加计数器与加减计数器，当复位输入（R）为 ON 或执行复位指令时，计数器被复位；

⑤对于加减计数器，其当前值达到最大值 32767 时，下一个 CU 的正跳变将使当前值变为最小值-32768，反之亦然。

分析以下程序及其时序图，有助于更好地理解计数器指令的应用。

① 加计数器程序与时序图如图 3-4-4 所示。

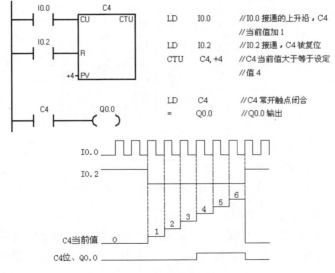

图 3-4-4 加计数器程序与时序图

② 减计数器程序与时序图如图 3-4-5 所示。

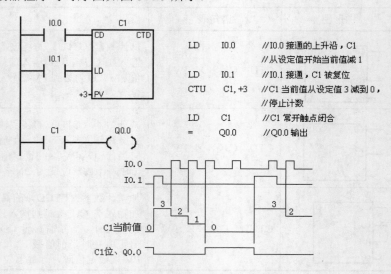

```
LD      I0.0    //I0.0 接通的上升沿，C1
                //从设定值开始当前值减1
LD      I0.1    //I0.1 接通，C1 被复位
CTU     C1,+3   //C1 当前值从设定值3减到0，
                //停止计数
LD      C1      //C1 常开触点闭合
=       Q0.0    //Q0.0 输出
```

图 3-4-5　减计数器程序与时序图

③ 加减计数器程序与时序图如图 3-4-6 所示。

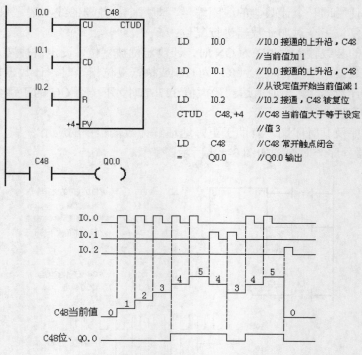

```
LD      I0.0    //I0.0 接通的上升沿，C48
                //当前值加1
LD      I0.1    //I0.0 接通的上升沿，C48
                //从设定值开始当前值减1
LD      I0.2    //I0.2 接通，C48 被复位
CTUD    C48,+4  //C48 当前值大于等于设定
                //值3
LD      C48     //C48 常开触点闭合
=       Q0.0    //Q0.0 输出
```

图 3-4-6　加减计数器程序与时序图

【例 1】扩展定时器的定时范围。

S7-200 的定时器的最长定时时间为 3276.7s，如果需要更长的定时时间，可通过几个定时器串联，达到扩充设定值的目的，如图 3-4-7 所示；也可通过定时器和计数器的配合来实现，如图 3-4-8 所示。

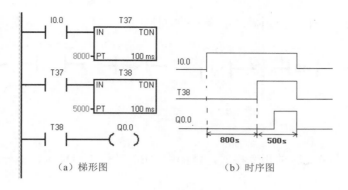

（a）梯形图　　　　　　　（b）时序图

图 3-4-7　用定时器串联实现定时范围扩展

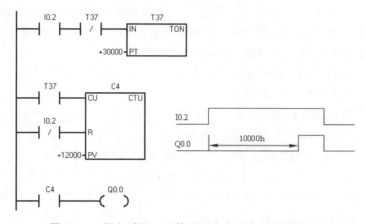

图 3-4-8　用定时器、计数器配合实现定时范围扩展

【例 2】药片自动数粒装瓶控制。采用光敏开关检测药片，每检测到 100 片后自动发出换瓶指令。

设光敏开关输入信号连接 I0.0，换瓶信号由 Q0.1 发出，则对应的 PLC 程序如图 3-4-9 所示。

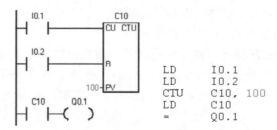

图 3-4-9　药片自动数粒装瓶控制梯形图和语句表

动动脑吧

同学们自己分析一下以上两个例子程序的执行过程吧！

2．比较指令

比较指令用于比较两个数据的大小，并根据比较的结果使触点闭合，进而实现某种控制要求。它包括字节（B）比较、字整数（I）比较、双字（D）比较和实数（R）比较 4 种。比较符表示比较条件，包括等于、不等于、大于等于、小于等于、大于、小于 6 种。在梯形图中用带参数和比较符的触点表示比较指令，如图 3-4-10 所示。比较触点可以载入，也可以串、并联。比较指令为上、下限控制提供了极大的方便。

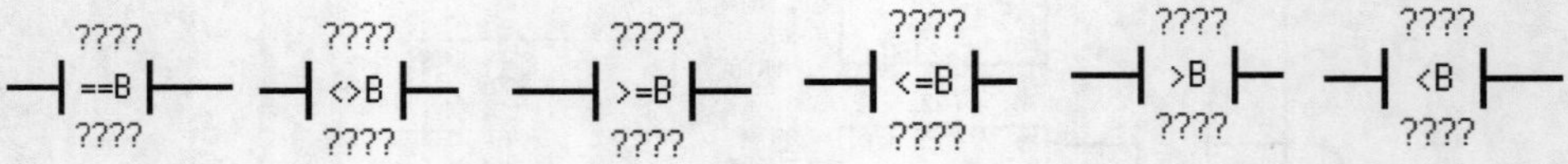

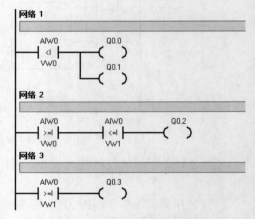

图 3-4-10   字节比较的指令格式

说明：

①图中给出了字节比较的指令格式，将图中"B"改为 I、D、R，就分别表示字整数、双字整数、实数；

②字整数比较指令，梯形图是 I，语句表是 W；

③指令中上下数据的寻址范围要与指令码一致。其中字节比较、实数比较不能寻址专用的字及双字存储器，如 T、C 及 HC 等；字整数比较时不能寻址专用的双字存储器 HC；双字整数比较时不能寻址专用的字存储器 T、C 等；

④字节指令是无符号的，字整数、双字整数及实数比较都是有符号的。

【例 3】用比较指令实现炉温控制。

实际炉温由温度传感器检测后，由 A/D 送到 PLC 中的输入寄存器 AIW0 中。VW0 中为炉温下限所对应的数据，VW1 中为炉温上限所对应的数据。当实际炉温低于下限时，红灯亮（Q0.0），同时电加热器开始加热（Q0.1）；当实际炉温在上限和下限值之间时，绿灯亮（Q0.2），表示可以饮用；当实际炉温高于上限时，发出警铃（Q0.3）。对应的梯形图如图 3-4-11 所示。

3. 辅助继电器（M）和特殊继电器（SM）

PLC 中备有许多辅助继电器，其作用相当于继电器控制电路中的中间继电器。辅助继电器的通断状态只能在程序内部用指令驱动，其状态结果也不能直接驱动外部负载，只能在程序内部完成逻辑关系或在程序中驱动输出继电器的线圈，再用输出继电器的触点驱动外部负载。在 S7-200 PLC 中，辅助继电器一般以位为单位使用，采用"字节.位"的编址方式，每 1 位相当 1 个中间继电器，存取的编号范围为 M0.0～M31.7，辅助继电器也可以字节、字、双字为单位，作存储数据用，一般我们建议用户存储数据时使用变量寄存器（V）。

图 3-4-11   比较指令编程举例

特殊继电器用来存储系统的状态变量及有关的控制参数和信息。它是用户程序与系统程序之间的界面，用户可以通过特殊寄存器来沟通 PLC 与被控对象之间的信息，PLC 通过特殊继电器为用户提供一些特殊的控制功能和系统信息，用户也可以将对操作的特殊要求通过特殊继电器通知 PLC。

参考程序

根据项目分析中的时序图可以看出，交通信号灯的每一个工作周期是 50s。通过各个信号灯在一个周期中所处的时间段进行编程，也是一种比较不错的方法，各灯所处时间段总结如下：

（1）东西红灯的输出时间段是 25～50s 之间。

（2）东西黄灯的输出时间是在第 20s、22s、24s，3 次闪烁。

（3）东西绿灯的输出时间段是 0～20s 之间。

（4）南北红灯的输出时间段是 0～25s 之间。

（5）南北黄灯的输出时间是在第 45s、47s、49s，3 次闪烁。

（6）南北绿灯的输出时间段是 25～45s 之间。

通过对工作时间段的比较进行编程，程序如图 3-4-12 所示。

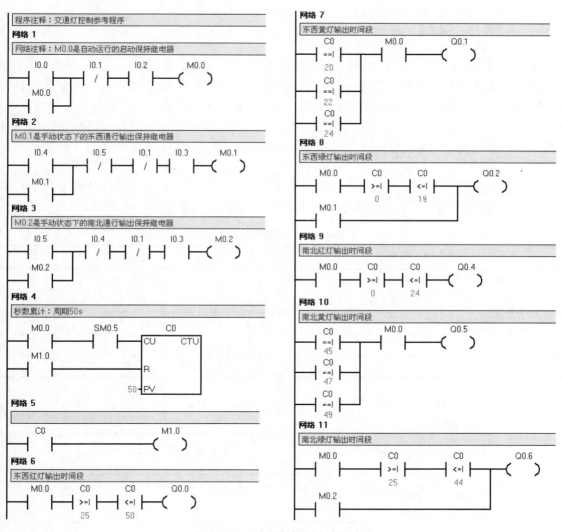

图 3-4-12　交通灯控制参考程序

步骤五　调试运行

（1）根据原理图连接 PLC 线路，检查无误后，将程序下载到 PLC 中，运行程序，观察控制过程。

（2）按下启动按钮 SB0，输入继电器 I0.0 闭合，将旋钮打到自动档上，输入继电器 I0.2 闭合。

（3）此时交通信号灯按照时序图所示进行变化，观察定时器计数器 C0 及输出继电器 Q0.0、Q0.1、Q0.2、Q0.3、Q0.4 和 Q0.5 的变化。

（4）按下停止按钮，再观察计数器及输出继电器的变化。

（5）将旋钮打到手动档上，观察输出继电器变化。

（6）分别按下按钮 SB2、SB3，观察输出继电器 Q0.0 到 Q0.5 的变化情况。

项目拓展

任务一　人行横道信号灯控制

1. 任务提出

这是一条公路与人行横道之间的信号灯顺序控制，没有人横穿公路时，公路绿灯与人行横道红灯始终都是亮的，当有人需要过马路时按路边设有的按钮（两侧均设）SB1 或 SB2，15s 后公路绿灯灭、黄灯亮再过 10s 黄灯灭红灯亮，然后过 5s 人行横道红灯灭、绿灯亮，绿灯亮 10s 后又闪烁 4s。5s 后红灯又亮了，再过 5s 公路红灯灭、绿灯亮，在这个过程中按路边的按钮是不起作用的，只有当整个过程结束后也就是公路绿灯与人行横道红灯同时亮时再按按钮才起作用。

2. 任务解决方案

根据控制要求，首先确定 I/O 个数，进行 I/O 地址分配，输入/输出地址分配见表 3-4-3。交通信号灯的时序图如图 3-4-13 所示，画出 PLC 外部接线图如图 3-4-14 所示。

表 3-4-3　输入/输出地址分配

		输入信号			输出信号
1	I0.0	行人过马路按钮 SB1	1	Q0.0	公路绿灯 HL1
2	I0.1	行人过马路按钮 SB2	2	Q0.1	公路黄灯 HL2
			3	Q0.2	公路红灯 HL3
			4	Q0.3	人行道红灯 HL4
			5	Q0.4	人行道绿灯 HL5

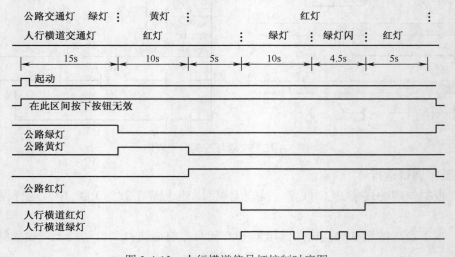

图 3-4-13　人行横道信号灯控制时序图

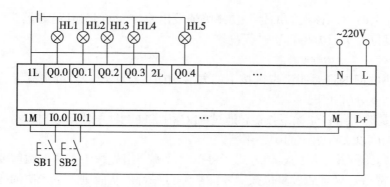

图 3-4-14 人行横道信号灯 PLC 控制接线图

根据控制电路的要求，在计算机中编写程序并调试运行。程序设计如图 3-4-15 所示。

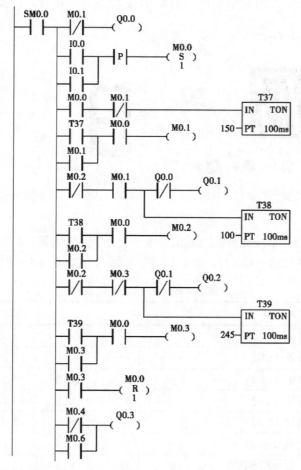

图 3-4-15 人行横道信号灯 PLC 控制参考程序

任务二 抢答器的 PLC 控制

1. 任务提出

设计一个四组抢答器，图 3-4-16 为抢答器仿真图。控制要求是：任一组抢先按下按键后，七段码显示器能及时显示该组的编号并使蜂鸣器发出响声，同时锁住抢答器，使其他组按键无效，只有按下复位开关后方可再次进行抢答。

2. 任务分析

我们要解决的问题是对四组按键按下的先后顺序进行比较，将最快按下的组以数字的形式显示出来。具体分析如下：

（1）如果是第 1 组首先按下按键，通过 PLC 内部辅助继电器形成自保持，控制其他组不形成自保持，就可以实现按键的顺序判断。

（2）其他每组同第 1 组的设计方式，可以实现哪一组先按下，哪一组就能自保持。

（3）自保持后，只有通过复位按键才能解除自保持，从而进入下一次的抢答操作。

（4）通过 LED 显示器用于显示 "1" "2" "3" "4" 四个组的组号。共阳 LED 是由七个条形的发光二极管组成的，它们的阳极连接在一起，如图 3-4-17 所示。只要让对应位置的发光二极管点亮，即可显示一定的数字字符。例如 b、c 段发光二极管点亮则显示字符 "1"。

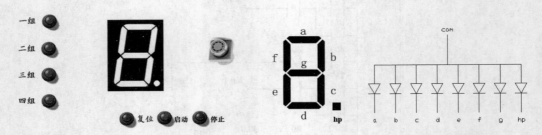

图 3-4-16   四组抢答器控制仿真图   图 3-4-17   七段码显示器原理图

3. 任务解决方案

在项目中输入量为 7 个按钮开关，输出为 8 个：1 个为蜂鸣器，7 个与 LED 连接（将 LED 的 a～g 分别接 PLC 的 Q0.1～Q0.7）。PLC 的 I/O 地址分配如表 3-4-4 所示。

表 3-4-4   I/O 地址分配表

	输入信号			输出信号	
1	I0.0	复位开关 RST	1	Q0.0	蜂鸣器
2	I0.1	按键 1 SB1	2	Q0.1	a
3	I0.2	按键 2 SB2	3	Q0.2	b
4	I0.3	按键 3 SB3	4	Q0.3	c
5	I0.4	按键 4 SB4	5	Q0.4	d
6	I0.5	启动按钮 RUN	6	Q0.5	e
7	I0.6	停止按钮 STOP	7	Q0.6	f
			8	Q0.7	g

根据控制原理进行程序设计，程序如图 3-4-18 所示。

在程序中，M1、M2、M3、M4 分别对应四个组的按键，哪一组的按键先按下去，哪一组的内部继电器就会先自保持，通过互锁使其他三个内部继电器不能形成自保持。

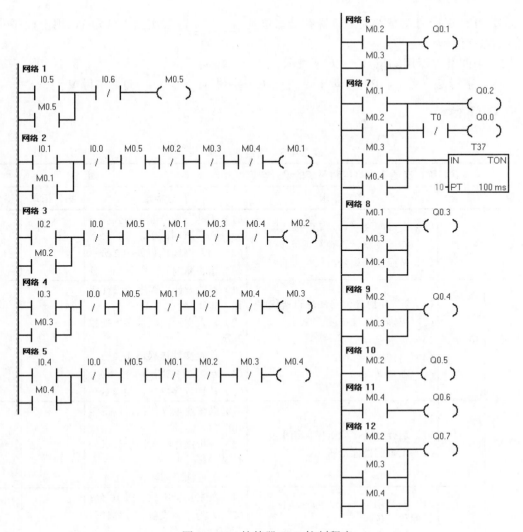

图 3-4-18 抢答器 PLC 控制程序

LED 显示的处理，LED 显示数字字符需要 7 个输出，每一个字符的输出又不一样，把每个组的状态转换成 LED 对应的输出，可以称为 LED 编码。如在第 2 组优先按下按键时，M2 自保持，PLC 需要输出的是 a、b、d、e 和 g 段。

任务训练

在交通信号灯项目要求的基础上，增加一个倒计时七段 LED，在一个方向绿灯时间少于 10s 时，开始倒计时显示剩余时间。请完成控制电路、I/O 地址分配、PLC 程序，并调试运行。

知识测评

（1）计数器具有_____、_____和_____三种类型。

（2）比较指令比较条件满足时，该触点_____。

（3）特殊标志位（ ）可产生占空比为 50%，周期为 1s 的脉冲串，称为秒脉冲。

　A．SM0.0　　　　　B．SM0.4　　　　　C．SM0.1　　　　　D．SM0.5

（4）PLC 运行时总是 ON 的特殊存储器位是_____。首次扫描时为 1，用于程序的初始化的特殊存储器位是_____。

（5）中间继电器用字母（ ）来表示。

A．字母 Q   B．字母 I   C．字母 M   D．字母 V

项目评估

表 3-4-5 项目评估表

项目	配分	考核要求	扣分标准	扣分记录	得分
项目名称：交通信号灯控制系统的设计与调试				组别：	
设备安装	30 分	（1）会分配端口、画 I/O 接线图； （2）按图完整、正确及规范接线； （3）按照要求编号	（1）不能正确分配端口，扣 5 分，画错 I/O 接线图，扣 5 分； （2）错、漏线，每处扣 2 分； （3）错、漏编号，每处扣 1 分		
编程操作	30 分	（1）会采用时序波形图法设计程序； （2）正确输入梯形图； （3）正确保存文件； （4）会转换梯形图； （5）会传送程序	（1）不能设计出程序或设计错误，扣 10 分； （2）输入梯形图错误，每处扣 2 分； （3）保存文件错误，扣 4 分； （4）转换梯形图错误，扣 4 分； （5）传送程序错误，扣 4 分		
运行操作	30 分	（1）运行系统，分析操作结果； （2）正确监控梯形图	（1）系统通电操作错误，每步扣 3 分； （2）分析操作结果错误，每处扣 2 分； （3）监控梯形图错误，扣 4 分		
安全、文明工作	10 分	（1）安全用电，无人为损坏仪器、元件和设备； （2）保持环境整洁，秩序井然，操作习惯良好； （3）小组成员协作和谐，态度正确； （4）不迟到、早退、旷课	（1）发生安全事故，扣 10 分； （2）人为损坏设备、元器件，扣 10 分； （3）现场不整洁、工作不文明、团队不协作，扣 5 分； （4）不遵守考勤制度，每次扣 2～5 分		
总分					

项目五 霓虹灯控制系统设计与调试

项目目标

通过本项目的学习，学生应掌握以下职业能力：

● 通过国家标准、网络、现场及其他渠道收集信息；

● 在团队协作中正确分析、解决 PLC 控制系统设计、编程、调试等实际问题；

● 掌握 PLC 编程中移位指令的格式及使用方法；

- 掌握用 PLC 编程中数据传送指令的格式及使用方法；
- 理解整数、实数及逻辑运算指令的格式及应用；
- 掌握用 PLC 进行彩灯控制的方法，实现多种效果霓虹灯的 PLC 控制；
- 进一步熟悉定时器的使用；
- 掌握 S7-200 PLC 数字量扩展模块的选用。
- 企业需要的基本职业道德和素质；
- 主动学习的能力、心态和行动。

项目要求

现代生活中，彩灯的使用越来越广泛，小到圣诞灯、空气加湿器中七彩灯，大到广告牌、舞台灯和霓虹灯。利用 PLC 实现霓虹灯效果，具有控制简单、扩展方便、效果突出等优点。

一个霓虹灯显示装置，它有 1 个启动按钮，1 个停止按钮。两组彩灯，每组 8 个。当按下启动按钮后，第 1 组 8 个彩灯周期性闪烁，亮 1s，灭 1s。15s 后这组彩灯就全灭了，第 2 组彩灯开始循环右移，假设这组彩灯的初始值为 00000101，循环周期为 1s。

项目分析

此项目输出点数较多，但控制思路并不复杂，我们用前面学习过的定时器指令也可以实现，只是程序会稍冗长些。在本项目中，通过学习数据传送、移位等指令，会使我们开发的程序变得更简单明了，收到事半功倍的效果。

项目实施

步骤一 确定 I/O 点总数及地址分配

根据控制要求，首先确定 I/O 个数，进行 I/O 地址分配。

PLC 的 I/O 地址分配如表 3-5-1 所示。

表 3-5-1 I/O 地址分配表

	输入信号			输出信号	
1	I0.0	启动按钮 SB1	1	Q0.0~Q0.7	第一组彩灯：HL1~HL8
2	I0.1	停止按钮 SB2	2	Q1.0~Q1.7	第二组彩灯：HE1~HE8

步骤二 PLC 选型

本项目输出点 16 个，但输入点数较少，只有 2 个，如果我们选择 S7-200 系列 CPU 226（其中输入 24 点，输出 16 点），输出也仅刚刚够，没有裕量。这种情况下，可以考虑使用 I/O 扩展模块。通过查找 PLC 的选型手册，可以选择 CPU 222（输入 8 点，输出 6 点）外加 1 个 EM222 4 输出/24V DC 和 1 个 EM222 8 输出/24V DC 数字输出模块。下面对 S7-200 系列 PLC 的数字量 I/O 模块做一下简要介绍。

相关知识

数字量输入/输出扩展模块

S7-200 CPU 上已经集成了一定数量的数字量 I/O 点，但如果用户需要多于 CPU 单元 I/O 点数时，必须对系统做必要的扩展。CPU 221 无 I/O 扩展能力，CPU 222 最多可连接 2 个扩展模块（数字量或模拟量），而 CPU 224 和 CPU 226 最多可连接 7 个扩展模块。

1. 数字量输入/输出扩展模块的类型

S7-200 PLC 系列常用的数字量输入/输出扩展模块有三类，即输入扩展模块、输出扩展模块、输入/输出扩展模块。S7-200 系列 PLC 数字量 I/O 扩展模块如表 3-5-2 所示。

表 3-5-2　S7-200 系列 PLC 数字量 I/O 扩展模块

类型	型号	输入点数/类型	输出点数/类型
输入扩展模块	EM 221	8 输入/24V DC 光电隔离	
	EM 221	8 输入/120/230V AC	
	EM 221	16 输入/24V DC	
输出扩展模块	EM 222		4 输出/24V DC 晶体管型
	EM 222		4 输出/继电器
	EM 222		8 输出/24 VDC 晶体管型
	EM 222		8 输出/继电器型
	EM 222		8 输出/120/230V AC
输入/输出扩展模块	EM 223	4 输入/24V DC 光电隔离	4 输出/24V DC 晶体管型
	EM 223	4 输入/24V DC 光电隔离	4 输出/继电器型
	EM 223	8 输入/24V DC 光电隔离	8 输出/24V DC 晶体管型
	EM 223	8 输入/24V DC 光电隔离	8 输出/继电器型
	EM 223	16 输入/24V DC 光电隔离	16 输出/24V DC 晶体管型
	EM 223	16 输入/24V DC 光电隔离	16 输出/继电器型

基本单元通过其右侧的扩展接口用总线连接器（插件）与扩展单元左侧的扩展接口相连接，如图 2-1-6 所示。扩展单元正常工作需要+5V DC 工作电源，此电源由基本单元通过总线连接器提供。扩展单元的 24V DC 输入点和输出点电源，可由基本单元的 24V DC 电源供电，但要注意基本单元所提供的最大电流能力。

2. 数字量输入/输出扩展模块的编址

数字量输入点和输出点的寻址总是以 8 位为一组，从 X.0 到 X.7，即使没有那么多的实际连接端子可用，情况也是如此。

CPU 上的数字量输入点和输出点具有固定地址，总是以 I0.0 或 Q0.0 起始。根据实际接线端子数目的不同，地址按顺序递增分配（例如从 I0.0 至 I0.1 和 I1.0 至 I1.1 等）。若 CPU 拥有14 个输入点，从 I0.0 到 I0.7 和 I1.0 到 I1.5 是实际存在的，输入点 I1.6 和 I1.7 物理上并不存在，但依然按上述模式占据了地址。自然，这些"占位"地址既不能被用户程序使用，也不能再分配给后续的扩展模块。

扩展模块上的数字量输入点也按同样的规律分配地址，只不过与 CPU 相比，它们没有固定地址，只是在它们左边的（实际和虚拟）输入地址的基础上增加。如果一个扩展模块加入到已有的两个模块之间，则新模块右侧的模块的地址都要改变。图 3-5-1 表示了此种配置的改变。

步骤三　控制电路设计

这里要说明一下，根据实训室的实际情况，在本项目的实施过程中，我们仍用 CPU 226

做主控模块，所以步骤一的 I/O 地址表也不用修改。

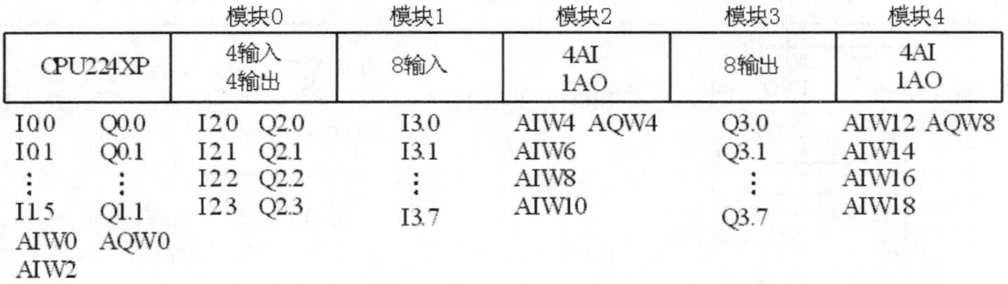

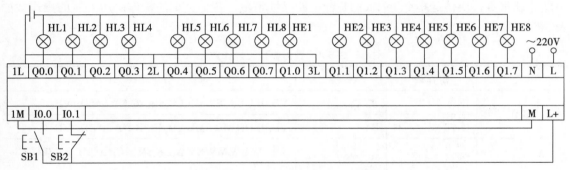

图 3-5-1　S7-200 扩展模块的编址

彩灯闪烁与循环 PLC 控制电路图如图 3-5-2 所示。

图 3-5-2　彩灯闪烁与循环 PLC 控制接线图

步骤四　程序设计

相关知识

1. 数据传送指令

传送指令主要作用是将常数或某存储器中的数据传送到另一存储器中。它包括单一数据传送及成组数据传送两大类。通常用于设定参数、协助处理有关数据以及建立数据或参数表格等。

（1）单一数据传送。

单一数据传送指令每次完成一个字节、字、双字、实数的传送，指令格式如表 3-5-3 所示。

表 3-5-3　单一传送类指令表

指令名称	梯形图符号	助记符	指令功能
字节传送 MOV_B	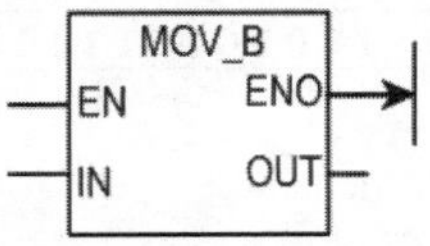 MOV_B EN　ENO IN　OUT	MOVB IN,OUT	以功能框的形式编程，当允许输入 EN 有效时，将 1 个无符号的单字节数据 IN 传送到 OUT 中
字传送 MOV_W	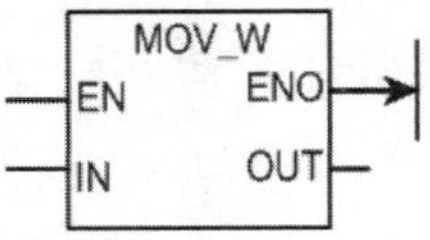 MOV_W EN　ENO IN　OUT	MOVW IN,OUT	以功能框的形式编程，当允许输入 EN 有效时，将 1 个无符号的单字长数据 IN 传送到 OUT 中

续表

指令名称	梯形图符号	助记符	指令功能
双字传送 MOV_DW	MOV_DW EN ENO IN OUT	MOVD IN,OUT	以功能框的形式编程,当允许输入 EN 有效时,将 1 个有符号的双字长数据 IN 传送到 OUT 中
实数传送 MOV_R	MOV_R EN ENO IN OUT	MOVR IN,OUT	以功能框的形式编程,当允许输入 EN 有效时,将 1 个有符号的双字长实数数据 IN 传送到 OUT 中

说明:操作数的寻址范围与指令码一致,比如字节数据传送只能寻址字节型存储器,OUT 不能寻址常数,块传送指令 IN、OUT 皆不能寻址常数,各种类型的操作码所对应的操作数如表 3-5-4 所示。

表 3-5-4　数据类型及操作数

传送	操作数	类型	寻址范围
字节	IN	BYTE	VB,IB,QB,MB,SMB,LB,SB,AC,*AC,*LD,*VD 和常数
	OUT	BYTE	VB,IB,QB,MB,SMB,LB,SB,AC,*AC,*LD,*VD
字	IN	WORD	VW,IW,QW,MW,SMW,LW,SW,AC,*AC,*LD,*VD,T,C 和常数
	OUT	WORD	VW,IW,QW,MW,SMW,LW,SW,AC,*AC,*LD,*VD,T,C
双字	IN	DWORD	VD,ID,QD,MD,SMD,LD,AC,HC,*AC,*LD,*VD 和常数
	OUT	DWORD	VD,ID,QD,MD,SMD,LD,AC,*AC,*LD,*VD
实数	IN	REAL	VD,ID,QD,MD,SMD,LD,AC,HC,*AC,*LD,*VD 和常数
	OUT	REAL	VD,ID,QD,MD,SMD,LD,AC,*AC,*LD,*VD

例如图 3-5-3 所示的程序表示把变量存储器 VW2 中的内容传送到 VW100 中。

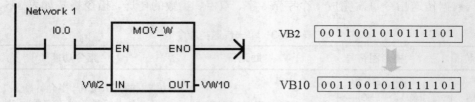

图 3-5-3　单个数据传送指令举例

(2)数据块传送。

数据块传送指令一次可完成 N 个数据的成组传送,指令类型有字节、字、双字 3 种,指令格式如表 3-5-5 所示。

表 3-5-5　数据块传送类指令表

指令名称	梯形图符号	助记符	指令功能
字节块传送 BLKMOV_B	BLKMOV_B　EN　ENO　IN　OUT　N	BMB IN,OUT,N	当允许输入 EN 有效时，将从输入字节 IN 开始的 N 个字节型数据传送到从 OUT 开始的 N 个字节存储单元，功能框形式编程
字块传送 BLKMOV_W	BLKMOV_W　EN　ENO　IN　OUT　N	BMW IN,OUT,N	当允许输入 EN 有效时，将从输入字 IN 开始的 N 个字型数据传送到从 OUT 开始的 N 个字存储单元，功能框形式编程
双字块传送 BLKMOV_D	BLKMOV_D　EN　ENO　IN　OUT　N	BMD IN,OUT,N	当允许输入 EN 有效时，将从输入双字 IN 开始的 N 个双字型数据传送到从 OUT 开始的 N 个双字存储单元，功能框形式编程

说明：① 操作数 N 指定被传送数据块的长度，可寻址常数，也可寻址存储器的字节地址，不能寻址专用字及双字存储器，如 T、C 及 HC 等，可取范围为 1～255；② 操作数 IN、OUT 不能寻址常数，它们的寻址范围要与指令码一致。其中字节块和双字块传送时不能寻址专用的字及双字存储器，如 T、C 及 HC 等。

图 3-5-4 所示的程序表示把变量存储器 VB10 起始的 3 个字节的内容传送到 VB20 开始的 3 个字节中。

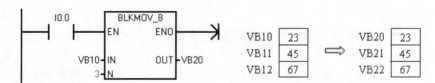

图 3-5-4　数据块传送指令举例

2. 字节交换指令

字节交换指令用来实现字的高、低字节内容交换的功能。指令格式如表 3-5-6 所示。

表 3-5-6

指令格式	输入/输出	操作数	数据类型
SWAP　EN　ENO　IN	IN	VW,IW,QW,MW,SW,SMW,T,C,LW, AC, *VD,*AC,*LD	字

在图 3-5-5 所示的程序中，当 VW10＝16＃2033 时，接通 I0.0 结果得 VW10＝16＃3320；当 VW10＝16＃3120 时，接通 I0.0 结果得 VW10＝16＃2031。

说明：在使用 SWAP 指令时，要注意使用脉冲型，不然可能得不到需要的结果，除非确保驱动信号只接通一个扫描周期的时间。

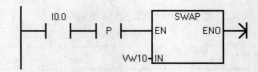

图 3-5-5　字节交换指令举例

3. 存储器填充指令

填充指令 FILL 用于处理字型数据，指令功能是将字型输入数据 IN 填充到从 OUT 开始的 N 个字存储单元，N 为字节型数据。指令格式如表 3-5-7 所示。

表 3-5-7

指令格式	功能
FILL_N EN IN　　OUT N	用输入值（IN）填充从输出（OUT）开始的 N 个字的内容 N 可取 1～255 之间的整数

在图 3-5-6 所示的程序中，将立即数 25 填充到了以 VW10 为首地址的 5 个字存储器中。

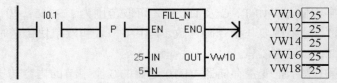

图 3-5-6　存储器填充指令举例

4. 移位指令

移位指令分为左/右移位指令、循环左/右移位指令和寄存器移位指令三大类。

（1）左/右移位指令。

左移或右移指令的功能是将输入数据 IN 左移或右移 N 位后，将结果送到 OUT。指令格式如表 3-5-8 所示。

表 3-5-8　左/右移位指令

指令格式			指令表	功能
SHL_B EN　ENO IN　OUT N	SHL_W EN　ENO IN　OUT N	SHL_DW EN　ENO IN　OUT N	SLB OUT, N SLW OUT, N SLD OUT, N	字节、字、双字左移
SHR_B EN　ENO IN　OUT N	SHR_W EN　ENO IN　OUT N	SHR_DW EN　ENO IN　OUT N	SRB OUT, N SRW OUT, N SRD OUT, N	字节、字、双字右移

说明：

① 被移位的数据是无符号的；

② 在移位时，存放被移位数据的编程元件的移出端与特殊继电器 SM1.1 连接，移出位进

入 SM1.1（溢出），另一端自动补 0；

③ 移位次数 N 与移位数据的长度有关，如 N 小于实际的数据长度，则执行 N 次移位；如 N 大于数据长度，则执行移位的次数等于实际数据长度的位数；

④ 移位次数 N 为字节型数据。

（2）循环左/右移位指令。

循环左移或右移指令的功能是将输入数据 IN 循环左移或右移 N 位后，将结果送到 OUT。指令格式如表 3-5-9 所示。

表 3-5-9　循环左/右移位指令

指令格式			指令表	功能
ROL_B EN　ENO IN　OUT N	ROL_W EN　ENO IN　OUT N	ROL_DW EN　ENO IN　OUT N	RLB OUT, N RLW OUT, N RLD OUT, N	循环字节、字、双字左移
ROR_B EN　ENO IN　OUT N	ROR_W EN　ENO IN　OUT N	ROR_DW EN　ENO IN　OUT N	RRB OUT, N RRW OUT, N RRD OUT, N	循环字节、字、双字右移

说明：

① 被移位的数据是无符号的；

② 在移位时，存放被移位数据的编程元件的移出端既与另一端连接，又与特殊继电器 SM1.1 连接，移出位在被移到另一端的同时，也进入 SM1.1（溢出）；

③ 移位次数 N 与移位数据的长度有关，如 N 小于实际的数据长度，则执行 N 次移位；如 N 大于数据长度，则执行移位的次数等于 N 除以实际数据长度的余数；

④ 移位次数 N 为字节型数据。

（3）移位寄存器指令。

移位寄存器指令是一个移位长度可指定的移位指令。指令格式如表 3-5-10 所示。

表 3-5-10　移位寄存器指令

指令格式	指令表	功能
SHRB EN　ENO DATA S_BIT N	SHRB DATA, S_BIT, N	寄存器移位

说明：

① 移位寄存器的数据类型无字节型、字型、双字型之分，移位寄存器的长度 N（≤64）由程序指定；

② N>0 时，为正向移位，即从最低位向最高位移位；

　　N<0 时，为反向移位，即从最高位向最低位移位；

③ 移位寄存器指令的功能是：当允许输入端 EN 有效时，如果 N>0，则在每个 EN 的前

沿，将数据输入 DATA 的状态移入移位寄存器的最低位 S_BIT；如果 N<0，则在每个 EN 的前沿，将数据输入 DATA 的状态移入移位寄存器的最高位，移位寄存器的其他位按照 N 指定的方向（正向或反向），依次串行移位；

④ 移位寄存器的移出端与 SM1.1（溢出）连接。

参考程序

用数据传送指令和移位指令实现的彩灯分组闪烁霓虹灯控制参考程序如图 3-5-7 所示。

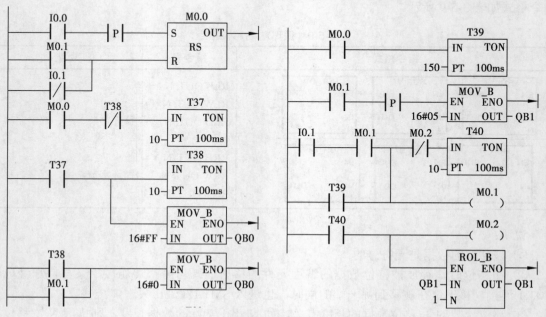

图 3-5-7　霓虹灯控制程序梯形图

步骤五　调试运行

（1）根据原理图连接 PLC 线路，检查无误后，将程序下载到 PLC 中，运行程序，观察控制过程。

（2）通过工具栏使 PLC 进入梯形图监控状态。

（3）按下启动按钮 SB1，观察各定时器当前值的变化，观察数据传送指令和移位指令操作数的变化。

（4）观察彩灯控制是否正常。

项目拓展

任务一　其他花样的彩灯控制系统设计

1. 任务提出

分别制作以下 3 种花样的彩灯控制器：

花样一：要求按下启动按钮，8 个彩灯从左到右，以 1s 的速度依次点亮，保持任意时刻只有 1 个指示灯亮，到达最右端后，再从左到右依次点亮……，如此循环。按下停止按钮后，彩灯循环停止。

花样二：要求按下启动按钮，16 个彩灯从左到右，以 2s 的速度依次点亮，保持任意时刻只有 2 个指示灯亮，到达最右端后，再从左到右依次点亮……，如此循环。按下停止按钮后，彩灯循环停止。

花样三：要求按下启动按钮，8 个彩灯从左到右，以 1s 的速度依次点亮，当灯全亮后再从左向右依次灭，如此反复运行。按下停止按钮后，彩灯循环停止。

2. 任务解决方案

根据控制要求，确定 I/O 个数，进行 I/O 地址，分配如表 3-5-11 所示。

表 3-5-11　I/O 地址分配表

	输入信号			输出信号	
1	I0.0	启动按钮 SB1	1	Q0.0～Q0.7	彩灯：HL1～HL8
2	I0.1	停止按钮 SB2	2	Q1.0～Q1.7	彩灯：HL9～HL16

对于花样一，8 个彩灯分别接 Q0.0～Q0.7，可以用字节的循环移位指令，进行循环移位控制。置彩灯的初始状态为 QB0=1，即左边第一盏灯亮；接着灯从左到右以 1s 的速度依次点亮，即要求字节 QB0 中的 "1" 用循环左移位指令，每 1s 移动一位，因此须在 ROL-B 指令的 EN 端接一个 1s 的移位脉冲。梯形图程序如图 3-5-8 所示。

请同学们自行分析一下，如何在花样一程序的基础上，画出花样二的梯形图呢？

对于花样三，可以采用移位寄存器指令，如图 3-5-9 所示。程序中还巧妙地使用了 M1.0（Q1.7 的反状态）作数据输入触发信号，灯从左向右依次亮的过程中 M1.0 为 ON，直至第 16 个灯（Q1.7）亮时变为 OFF，从而使灯变为从左向右依次灭。

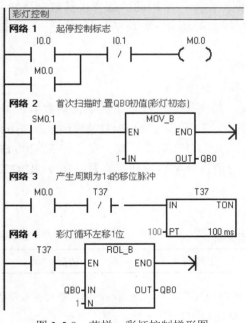

图 3-5-8　花样一彩灯控制梯形图

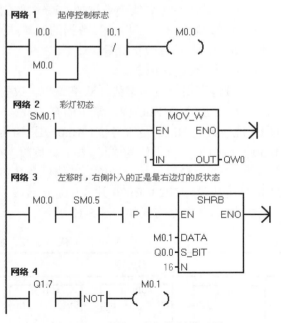

图 3-5-9　花样三彩灯控制梯形图

任务二　自动售货机的 PLC 控制

1．任务提出

用 PLC 设计控制两种液体饮料的自动售货机。具体动作要求是：

（1）此自动售货机可投入 1 元、5 元或 10 元硬币。

（2）当投入的硬币总值等于或超过 12 元时，汽水按钮指示灯亮；当投入的硬币总值超过 15 元时，汽水、咖啡按钮指示灯都亮。

（3）当汽水按钮指示灯亮时，按汽水按钮，则汽水排出 7s 后自动停止。汽水排出时，相应指示灯闪烁。

（4）当咖啡按钮指示灯亮时，动作同上。

（5）若投入的硬币总值超过所需钱数（汽水 12 元、咖啡 15 元）时，找钱指示灯亮。

（6）按下清除按钮后，若已投入钱币，则清除当前操作并且退币灯亮；若还未投入钱币，则等待下次购物要求。

2．任务分析

在自动售货机内部有两套液体控制装置和硬币识别装置。每套液体控制装置由液体储存罐和电磁阀门组成，液体罐中分别储存汽水和咖啡，电磁阀 A 通电时打开，汽水从储存罐中输出；电磁阀 B 通电时，咖啡从储存罐中输出。硬币识别装置由三个硬币检测传感器组成，分别识别 1 元、5 元和 10 元硬币，传感器输出的信号为开关量信号。相对应的指示灯有 HL1、HL2 和操作按钮，在这一系统中暂没有考虑退币及找零装置，只是采用指示灯 HL3 来表示其功能。

3．相关新知识——数据运算指令

数据运算指令主要实现数据加、减、乘、除等四则运算，常用的函数变换及数据逻辑与、或、取反等逻辑运算。多用于按数据的运算结果进行控制的场合，如自动配料系统、工程量的标准化处理、自动修改指针等。

（1）加/减运算指令。

加/减运算指令包括整数、双整数和实数的加、减运算指令。

整数在 S7-200 PLC 中，常用的有 16 位、32 位，最高位是符号位，其他位是数值位。比如 16 位整数的 Bit15 是符号位，Bit0～Bit14 是数值位；32 位整数的 Bit31 是符号位，Bit0～Bit30 是数值位。符号位为"1"表示是负数，符号位为"0"表示是正数。实数在 S7-200 PLC 中占用 32 位，最高位是符号位，其他位是数值位，数值位分尾数段和指数段，Bit0～Bit22 共 23 位是尾数段，Bit23~Bit30 共 8 位是指数段。

加/减运算指令格式如表 3-5-12 所示。

表 3-5-12　加/减运算指令

梯形图			语句表	功能
ADD_I EN　　ENO IN1　　OUT IN2	ADD_DI EN　　ENO IN1　　OUT IN2	ADD_R EN　　ENO IN1　　OUT IN2	+I IN1,OUT +D IN1,OUT +R IN1,OUT	加指令：实现整数、双整数和实数的加法运算 IN1+IN2=OUT

续表

梯形图	语句表	功能
SUB_I SUB_DI SUB_R EN ENO EN ENO EN ENO IN1 OUT IN1 OUT IN1 OUT IN2 IN2 IN2	-I IN1,OUT -D IN1,OUT -R IN1,OUT	减指令：实现整数、双整数和实数的减法运算 IN1-IN2=OUT

说明：

① IN1、IN2 指定加数（减数）及被加数（被减数）；如果 OUT 与 IN2 为同一存储器，则在语句表指令中不需要使用数据传送指令，可减少指令条数，从而减少存储空间；

② 操作数的寻址范围要与指令码一致，OUT 不能寻址常数；

③ 该指令影响特殊内部寄存器位：SM1.0（零），SM1.1（溢出），M1.2（负）；

④ 如果 OUT 与 IN 不同，将首先执行数据传送指令，将 IN1 传送给 OUT，再执行 IN2+OUT，结果送给 OUT。

（2）乘/除运算指令。

乘/除运算指令格式如表 3-5-13 所示。

表 3-5-13　乘/除运算指令

梯形图	语句表	功能
MUL_I MUL_DI MUL_R EN ENO EN ENO EN ENO IN1 OUT IN1 OUT IN1 OUT IN2 IN2 IN2	*I IN1, OUT *D IN1, OUT *R IN1, OUT	乘法指令：实现整数、双整数和实数的乘法运算 IN1*IN2=OUT
DIV_I DIV_DI DIV_R EN ENO EN ENO EN ENO IN1 OUT IN1 OUT IN1 OUT IN2 IN2 IN2	/I IN1,OUT /D IN1,OUT /R IN1,OUT	除法指令：实现整数、双整数和实数的除法运算 IN1/IN2=OUT
MUL EN ENO IN1 OUT IN2	MUL IN1,OUT	整数乘法产生双整数：2 个 16 位整数相乘，得到 1 个 32 位整数乘积
DIV EN ENO IN1 OUT IN2	DIV IN1,OUT	带余数的除法指令：2 个 16 位整数相除，得到 1 个 32 位的结果，高 16 位为余数，低 16 位为商

说明：

① 操作数的寻址范围要与指令码中一致，OUT 不能寻址常数；

② 在梯形图中：IN1 * IN2 = OUT，IN1 / IN2 = OUT；在语句表中：IN1 * OUT = OUT，OUT / IN1 = OUT；

③ 整数及双整数乘/除法指令，使能输入有效时，将两个 16 位/32 位符号整数相乘/除，并产生一个 32 位积/商，从 OUT 指定的存储单元输出；除法不保留余数，如果乘法输出结果大于一个字，则溢出位 SM1.1 置位为 1；

④ 该指令影响下列特殊内存位：SM1.0（零），SM1.1（溢出），SM1.2（负），SM1.3（除数为 0）。

（3）加 1、减 1 运算指令。

加 1、减 1 运算指令用于对输入无符号字节、有符号字、有符号双字进行加 1 或减 1 的操作。加 1、减 1 指令格式如表 3-5-14 所示。

表 3-5-14　加 1、减 1 指令

梯形图			指令表	功能
INC_B	INC_W	INV_DW	INCB OUT INCW OUT INCD OUT	加 1 指令：实现字节、整数和双整数的加 1 运算
DEC_B	DEC_W	DEC_DW	DECB OUT DECW OUT DECD OUT	减 1 指令：实现字节、整数和双整数的减 1 运算

说明：

① 操作数的寻址范围要与指令码中一致，其中对字节操作时不能寻址专用的字及双字存储器，如 T、C 及 HC 等；对字操作时不能对专用的双字存储器 HC 寻址；OUT 不能寻址常数；

② 在梯形图中：IN + 1 = OUT，IN-1 = OUT；在语句表中：OUT + 1 = OUT，OUT-1 = OUT；如果 OUT 与 IN 为同一存储器，则在语句表指令中不需要使用数据传送指令，可减少指令条数，从而减少存储空间。

（4）函数运算指令。

函数运算指令格式如表 3-5-15 所示。

表 3-5-15　函数运算指令

梯形图			指令表	功能
SIN	COS	TAN	SIN IN,OUT COS IN,OUT TAN IN,OUT	三角函数指令： SIN(IN)= OUT COS(IN)= OUT TAN(IN)= OUT
LN	EXP		LN IN,OUT EXP IN,OUT	自然对数和自然指数指令： LN(IN)=OUT EXP(IN)=OUT
SQRT			SQRT IN,OUT	平方根指令： SQRT(IN)=OUT

说明:

① IN 和 OUT 按双字寻址,不能寻址专用的字及双字存储器 T、C、HC 等,OUT 不能寻址常数;

② 三角函数指令 SIN、COS、TAN 计算角度输入值的三角函数,输入以弧度为单位;

③ 自然对数指令 EXP 与自然指数指令配合,可以实现以任意实数为底,任意实数为指数(包括分数指数)的运算。

例: 5 的立方= 5^3 = EXP(3*LN(5)) = 125;

125 的立方根= 125^(1/3) = EXP((1/3)*LN(125))= 5;

5 的立方的平方根= 5^(3/2) = EXP((3/2)*LN(5)) = 11.18034。

(5)逻辑运算指令。

逻辑运算指令是对无符号数进行的逻辑处理,主要包括逻辑与、逻辑或、逻辑异或、逻辑取反等操作,可用于存储器的清零、设置标志位等。

逻辑运算指令格式和功能如表 3-5-16 所示。

表 3-5-16　逻辑运算指令

梯形图			指令表	功能
WAND_B EN　ENO IN1　OUT IN2	WAND_W EN　ENO IN1　OUT IN2	WAND_DW EN　ENO IN1　OUT IN2	ANDB IN1,OUT ANDW IN1,OUT ANDD IN1,OUT	"与"运算指令:实现字节、字、双字的与运算
WAND_B EN　ENO IN1　OUT IN2	WAND_W EN　ENO IN1　OUT IN2	WOR_DW EN　ENO IN1　OUT IN2	ORB IN1,OUT ORW IN1,OUT ORD IN1,OUT	"或"运算指令:实现字节、字、双字的或运算
WXOR_B EN　ENO IN1　OUT IN2	WXOR_W EN　ENO IN1　OUT IN2	WXOR_DW EN　ENO IN1　OUT IN2	XORB IN1,OUT XORW IN1,OUT XORD IN1,OUT	"异或"运算指令:实现异或运算
INV_B EN　ENO IN　OUT	INV_W EN　ENO IN　OUT	INC_DW EN　ENO IN　OUT	INVB OUT INVW OUT INVD OUT	"取反"运算指令:实现字节、字、双字的按位取反运算

4. 任务解决方案

控制电路中要求有 2 个选择控制按钮 SB1 和 SB2、1 个复位按钮 SB3、3 个检测传感器 SQ1~SQ3,还有三个指示灯与 PLC 的输出点连接。这样整个系统总的输入点数为 6 个,输出点数为 5 个。

PLC 的 I/O 地址分配如表 3-5-17 所示。

根据控制原理进行程序设计,程序如图 3-5-10 所示。

表 3-5-17 I/O 地址分配表

	输入信号			输出信号	
1	I0.0	1 元投币检测传感器 SQ1	1	Q0.0	咖啡输出控制中间继电器 KA1
2	I0.1	5 元投币检测传感器 SQ2	2	Q0.1	汽水输出控制中间继电器 KA2
3	I0.2	10 元投币检测传感器 SQ3	3	Q0.2	咖啡按钮指示灯 HL1
4	I0.3	咖啡按钮 SB1	4	Q0.3	汽水按钮指示灯 HL2
5	I0.4	汽水按钮 SB2	5	Q0.4	找钱指示灯 HL3
6	I0.5	复位/清除操作按钮 SB3			

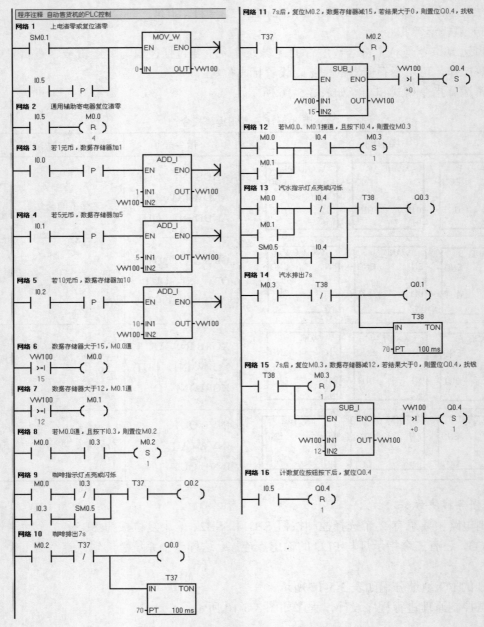

图 3-5-10 自动售货机 PLC 控制程序

任务训练

在模拟量数据采集中，为了防止干扰，经常通过程序进行数据滤波，其中一种方法为平均值滤波法。要求连续采集 5 次数作平均，并以其值作为采集数。这 5 个数通过 5 个周期进行采集。请设计该滤波程序。

在这个程序中，需要用到运算指令，PLC 可以为我们提供什么样的运算指令实现上述操作呢？

知识测评

（1）数据传送指令 MOV 不能传送的数据类型是（　　）。

    A．Byte   B．Word

    C．bit   D．Double Word

（2）整数的加/减法指令的操作数都采用（　　）寻址方式。

    A．字   B．双字

    C．字节   D．位

（3）指令"MOVR　IN,OUT"中操作数 IN 和 OUT 的数据类型是（　　）。

    A．字节   B．字

    C．BOOL 型   D．双字

（4）字节移位指令的最大移位位数为（　　）。

    A．7 位   B．8 位

    C．12 位   D．16 位

（5）程序如图，已知 VB20 中内容为：1110 0010，分析程序执行后 VB20 中的内容如何变化。

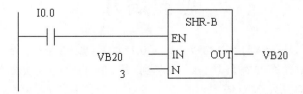

项目评估

表 3-5-18　项目评估表

项目	配分	考核要求	扣分标准	扣分记录	得分
项目名称：霓虹灯控制系统设计与调试				组别：	
设备安装	30 分	（1）会分配端口、画 I/O 接线图； （2）按图完整、正确及规范接线； （3）按照要求编号	（1）不能正确分配端口，扣 5 分，画错 I/O 接线图，扣 5 分； （2）错、漏线，每处扣 2 分； （3）错、漏编号，每处扣 1 分		

续表

项目	配分	考核要求	扣分标准	扣分记录	得分
编程操作	30 分	（1）会采用时序波形图法设计程序； （2）正确输入梯形图； （3）正确保存文件； （4）会转换梯形图； （5）会传送程序	（1）不能设计出程序或设计，错误扣 10 分； （2）输入梯形图错误，每处扣 2 分； （3）保存文件错误，扣 4 分； （4）转换梯形图错误，扣 4 分； （5）传送程序错误，扣 4 分		
运行操作	30 分	（1）运行系统，分析操作结果； （2）正确监控梯形图	（1）系统通电操作错误，每步扣 3 分； （2）分析操作结果错误，每处扣 2 分； （3）监控梯形图错误，扣 4 分		
安全、文明工作	10 分	（1）安全用电，无人为损坏仪器、元件和设备； （2）保持环境整洁，秩序井然，操作习惯良好； （3）小组成员协作和谐，态度正确； （4）不迟到、早退、旷课	（1）发生安全事故，扣 10 分； （2）人为损坏设备、元器件，扣 10 分； （3）现场不整洁、工作不文明、团队不协作，扣 5 分； （4）不遵守考勤制度，每次扣 2～5 分		
总分					

思考与练习

1．若 MD2 中的数小于 VD2 中的数，则 Q0.1 为 1，反之为 0，设计程序。

2．用 I0.0 控制 16 个彩灯循环移位，从左到右以 2s 的速度依次 2 个为一组点亮，全部点亮后，亮 5s，熄灭，再从左到右依次点亮，按下 I0.1 后，彩灯循环停止。

3．试设计程序，首次扫描时，给 QB0 置初值，用 I0.0 控制 8 个彩灯，每隔 0.5s 循环移位，用 I0.1 控制彩灯移位的方向，I0.2 停止移位。

4．当 I0.0 接通一次，则 VW0 的值加 1，当 VW0=5 的时候，Q0.0 接通，用 I0.1 使 Q0.0 复位和 VW0 清零。

5．求角度 70° 的正弦值，并将其结果存储在 VD20 中。

6．求 200 的立方根，并将结果存于 VD20 中。

7．半径在 VW10 中，取圆周率为 3.1416，用运算指令计算圆周长，将运算结果四舍五入转换为整数，存放在 VW20 中。

8．有 9 盏灯构成闪光灯控制系统，控制要求如下：

（1）隔两灯闪烁：L1、L4、L7 亮，1s 后灭，接着 L2、L5、L8 亮，1s 后灭，接着 L3、L6、L9 亮，1s 后灭，接着 L1、L4、L7 亮，1s 后灭……如此循环。试编制程序，并上机调试运行。

（2）发射型闪烁：L1 亮，2s 后灭，接着 L2、L3、L4、L5 亮 2s 后灭，接着 L6、L7、L8、L9 亮 2s 后灭，接着 L1 亮，2s 后灭……如此循环。试编制程序，并上机调试运行。

9．密码锁控制系统有 5 个按键 SB1～SB5，其控制要求如下：

（1）SB1 为启动键，按下 SB1 键，才可进行开锁工作。

（2）SB2、SB3 为可按压键。开锁条件为：SB2 设定按压次数为 3 次，SB3 设定按压次数为 2 次。同时，SB2、SB3 是有顺序的，先按 SB2，后按 SB3。如果按上述规定按压，密码锁自动打开。

（3）SB5 为不可按压键，一旦按压，警报器就会发出警报。

（4）SB4 为复位键，按下 SB4 键后，可重新进行开锁作业。如果按错键，则必须进行复位操作，所有的计数器都被复位。

模块四　自动生产线 PLC 控制系统的设计与调试

学习了本模块后，你将会……
- 了解自动生产线的控制过程，掌握模拟自动生产线控制程序的设计与调试方法；
- 了解自动生产线的设备维护方法；
- 掌握顺序功能图的画法；能根据顺序功能图进行梯形图程序设计；
- 掌握 S7-200 系列 PLC 跳转、循环、子程序等程序控制类指令的应用；
- 能够为解决中等难度的问题打下良好的基础。

PLC 理实一体化实训室、自动化生产线实训室

项目六　自动装车上料控制系统的设计与调试

项目目标

通过本项目的学习，学生应掌握以下职业能力：
- 通过国家标准、网络、现场及其他渠道收集信息；
- 在团队协作中正确分析、解决 PLC 控制系统设计、编程、调试等实际问题；
- 掌握顺序功能图的画法，能正确由顺序功能图转化为梯形图；
- 进一步熟练模拟运行并调试；
- 掌握在程序中使用内部辅助寄存器来辅助实现控制功能的方法；
- 企业需要的基本职业道德和素质；
- 主动学习的能力、心态和行动。

项目要求

在自动生产线中，要求小车在两地之间自动往返运料的情况很多。图 4-6-1 是自动装车上料控制的示意图。当小车处于后端时，按下启动按钮，小车向前运行。行进至前端压下前限位开关，翻斗门打开装货，7s 后关闭翻斗门，小车向后运行。行进至后端压下后限位开关，打开小车底门卸货，5s 后底门关闭，完成一次动作。合上连续开关，小车自动连续往复运行。要求设计自动装车上料控制系统的控制电路和梯形图程序，并模拟调试。

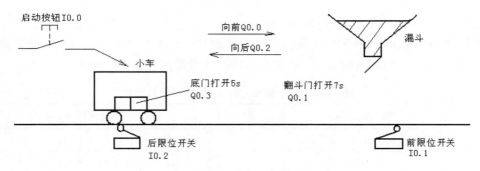

图 4-6-1   自动装车上料控制的示意图

项目分析

在工业控制中，一个控制系统往往由若干个功能相对独立的工序组成，因此系统程序也由若干个程序段组成，我们称之为状态（又称步）。顺控指令（又称步进指令）就是将各个状态按照一定的执行次序连接起来进行控制的指令。它能够激活下一个状态，同时清除本指令所在的过程，主要用于生产过程的顺序控制，还可用于选择分支控制、并行分支控制及分支合并控制等。

小车两地往返运料运行，也是电机的正反转运动，这在项目二中大家已经掌握。在本项目中，小车每到一个位置，都会停留数秒，待装料或下料停止后，再启动运行。这是典型的顺序控制，可以考虑采用顺控指令来完成控制任务。通过触发两地限位开关，来完成小车的停止及定时器的启动。编程前，先画出顺序功能图，再将顺序功能图转成相对应的顺控梯形图。

项目实施

步骤一 主电路设计

由项目任务可知，除运料小车前后行进需要一个电动机正反转外，系统中还需要两个磁阀，分别是控制翻斗门和小车底门，这样电路的被控制对象有 3 个：1 个电机、2 个电磁阀。主电路如图 4-6-2 所示。

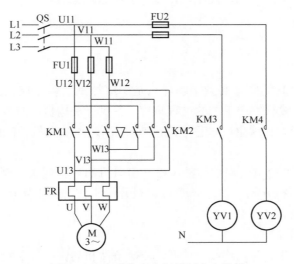

图 4-6-2   自动装车上料控制主电路图

步骤二　确定 I/O 点总数及地址分配

控制回路中有启动按钮 SB1，前后限位开关 SQ1、SQ2 和连续开关 SA1。控制系统总的输入点数为 4 个，输出点数为 4 个。PLC 的 I/O 地址分配如表 4-6-1 所示。

表 4-6-1　自动装车上料控制 I/O 地址分配表

		输入信号			输出信号
1	I0.0	启动按钮 SB1	1	Q0.0	小车向前 KM1
2	I0.1	前限位开关 SQ1	2	Q0.1	小车向后 KM2
3	I0.2	后限位开关 SQ2	3	Q0.2	翻门打开 KM3
4	I0.3	连续开关 SA	4	Q0.3	低门打开 KM4

步骤三　PLC 选型

根据控制系统的要求，考虑到系统的扩展功能，选用一台继电器输出结构的 CPU 224（输入 14、输出 10）小型 PLC 作为自动装车上料系统的控制核心。

步骤四　控制电路设计

参照 PLC 的 I/O 分配表，结合系统的电气要求，自动装车上料系统 PLC 控制电气接线如图 4-6-3 所示。

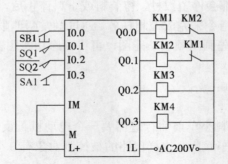

图 4-6-3　自动装车上料控制接线图

步骤五　程序设计

相关知识

1. 学会画出系统的顺序功能图

要画出系统的顺序功能图，必须了解什么是顺序控制。顺序控制又称步进控制，是在各个输入信号的作用下，按照生产工艺的过程顺序，各执行机构自动有秩序地进行控制操作。顺序功能图就是使用图形方式将生产过程表现出来。下面通过鼓风机控制的例子来学习顺序功能图的组成。

以图 4-6-4 中的波形给出的锅炉的鼓风机和引风机的控制要求为例，其工作过程是：按下启动按钮 I0.0 后，引风机开始工作，5s 后鼓风机开始工作，按下停止按钮 I0.1 后，鼓风机停止工作，5s 后引风机再停止工作。

（1）顺序功能图的组成。

顺序功能图主要由步、有向连线、转换、转换条件和动作（命令）组成，如图 4-6-5 所示。

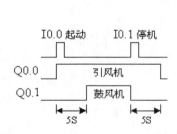

图 4-6-4 鼓风机控制要求的波形图

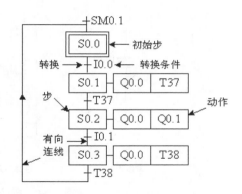

图 4-6-5 鼓风机控制顺序功能图

步：系统的一个工作周期根据输出量的不同所划分的各个顺序相连的阶段，使用顺序控制继电器 S 来代表各步，在顺序功能图中用矩形方框表示，方框用代表该步的编程元件 S 的地址作为步的编号（状态寄存器的地址编号范围为 S0.0～S31.7）。

系统等待启动命令的相对静止的状态称为初始步，用双线方框表示。

系统处于某一步所在的阶段称为活动步，其前一步称为前级步，其后一步称为后续步，其他各步称为不活动步。

动作：系统处于某一步需要完成的工作，用矩形方框与步相连。某一步可以有几个动作，也可以没有动作，这些动作之间无顺序关系。

有向连线：是将代表各步的方框按照它们成为活动步的先后次序连接起来的线，有向连线在从上到下或从左到右的方向上的箭头可以省略。

转换：指步与步之间的有向连线上与之垂直的短横线，作用是将相邻的两步分开。

转换条件：与转换对应的条件，是系统由当前步进入下一步的信号。可以是外部的输入条件，例如按钮、指令开关、限位开关的接通或断开等；也可以是 PLC 内部产生的信号，例如定时器、计数器等触点的接通；还可以是若干个信号的与、或、非的逻辑组合。

（2）顺序功能图的基本结构。

顺序功能图的基本结构包括：单序列、选择序列和并行序列。

单序列由一系列相继激活的步组成，每一步后仅有一个转换，每一个转换后也只有一个步。

当系统的某一步活动后，满足不同的转换条件能够激活不同的步，这种序列称为选择序列。选择序列的开始称为分支，其转换符号只能标在水平连线下方。图 4-6-6 的选择序列中如果步 4 是活动步，满足转换条件 c 时，步 5 变为活动步；满足转换条件 f 时，步 7 变为活动步。选择序列的结束称为合并，其转换符号只能标在水平连线上方。如果步 6 是活动步且满足转换条件 e，则步 9 变为活动步；如果步 8 是活动步且满足转换条件 h，则步 9 也变为活动步。

当系统的某一步活动后，满足转换条件后能够同时激活几步，这种序列称为并行序列。并行序列的开始称为分支，为强调转换的同步实现，水平连线用双线表示，水平双线上只允许有一个转换符号。图 4-6-6 的并行序列中如果步 10 是活动步，满足转换条件 i 时，转换的实现将导致步 11 和步 13 同时变为活动步。并行序列的结束称为合并，在表示同步的水平双线之下只允许有一个转换符号。当步 12 和步 14 同时都为活动步且满足转换条件 m 时，步 15 才能变为活动步。

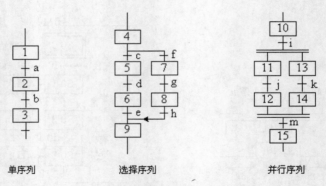

图 4-6-6　顺序功能图的基本结构

（3）顺序功能图中转换实现的基本规则。

顺序功能图中，转换的实现完成了步的活动状态的进展。转换实现必须同时满足以下两个条件：

①该转换所有的前级步都是活动步；

②相应的转换条件得到满足。

这两个条件是缺一不可的。

转换实现时应完成以下两个操作：激活指定步和复位当前步。

（4）绘制顺序功能图时的注意事项。

①两个步绝对不能直接相连，必须用一个转换将它们分隔开；

②两个转换也不能直接相连，必须用一个步将它们分隔开；

③初始步必不可少，一方面因为该步与其相邻步相比，从总体上说输出变量的状态各不相同；另一方面，如果没有该步，无法表示初始状态，系统也无法返回等待启动的停止状态；

④顺序功能图是由步和有向连线组成的闭环，即在完成一次工艺过程的全部操作之后，应从最后一步返回初始步，系统停留在初始状态，在连续循环工作方式时，应从最后一步返回下一工作周期开始运行的第一步。

动动手吧

图 4-6-7 是某剪板机的示意图，开始时压钳和剪刀在上限位置，限位开关 I0.0 和 I0.1 为 ON，按下启动按钮 I1.0，工作过程如下：首先板料右行（Q0.0 为 ON）至限位开关 I0.3 动作，然后压钳下行（Q0.1 为 ON 并保持），压紧板料后，压力继电器 I0.4 为 ON，压钳保持压紧，剪刀开始下行（Q0.2 为 ON），剪断板料后，I0.2 变为 ON，压钳和剪刀同时上行（Q0.3 和 Q0.4 为 ON，Q0.1 和 Q0.2 为 OFF），它们分别碰到限位开关 I0.0 和 I0.1 后，分别停止上行，都停止后，又开始下一周期的工作，剪完 10 块后停在初始状态。请画出顺序功能图。

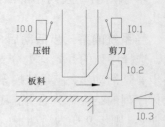

图 4-6-7　剪板机示意图

对应剪板机的顺序功能图如图 4-6-8 所示。图中既有选择序列，又有并行序列。步 S0.0 是初始步，加计数器 C0 用来控制剪板料的次数，每次工作循环后 C0 的当前值加 1。没有剪完 10 块板料时，C0 的当前值小于设定值 10，其常闭触点闭合，满足转换条件 C0，将返回步 S0.1 处开始下一次循环。剪完 10 块板料后，C0 的当前值等于设定值 10，其常开触点闭合，满足转换条件 C0 已剪完 10 块，将返回到初始步 S0.0，等待下一次启动命令。

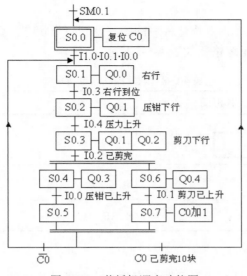

图 4-6-8　剪板机顺序功能图

步 S0.5、S0.7 是等待步，用来同时结束并行序列，只要步 S0.5、S0.7 都是活动步，满足转换条件 $\overline{C0}$，步 S0.1 将变为活动步；满足转换条件 "C0 已剪完 10 块"，步 S0.0 将变为活动步。

自动装车上料控制系统顺序功能图如图 4-6-9 所示。

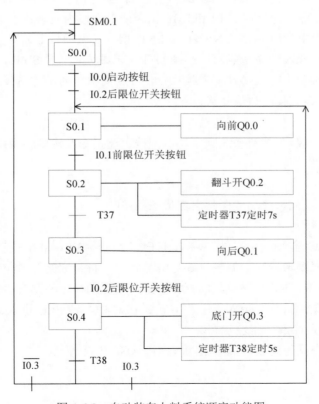

图 4-6-9　自动装车上料系统顺序功能图

2. 顺控指令

顺序控制继电器用 3 条指令描述程序的顺序控制步进状态，可以用于程序的步进控制、分支、循环和转移控制，指令格式如表 4-6-2 所示。

表 4-6-2　顺序控制继电器指令

类型	梯形图	语句表	功能
SCR 装载指令	bit SCR	SCR bit	表示 SCR 段的开始
SCR 传送指令	bit （SCRT）	SCRT bit	表示 SCR 段间的转换
SCR 结束指令	（SCRE）	SCRE	表示 SCR 段的结束

说明：

①步进控制指令 SCR 只对状态元件 S 有效。为了保证程序的可靠运行，驱动状态元件 S 的信号应采用短脉冲；

②同一个 S 位不能用于不同的程序中，例如：如果在主程序中使用了 S0.1，在子程序中就不能再使用它；

③当输出需要保持时，可使用 S/R 指令；

④在 SCR 段之间不能使用 JMP 和 LBL（见项目七）指令，即不允许在 SCR 段之间跳入、跳出，但可以在 SCR 段附近使用 JMP 和 LBL 指令或者在段内跳转；

⑤不能在 SCR 段中使用 FOX、NEXT 和 END 指令（见项目七）。

☞ 通常为了自动进入顺序功能图，一般利用特殊辅助继电器 SM0.1 将 S0.1 置 1。

☞ 若在某步为活动步时，动作需直接执行，可在要执行的动作前接上 SM0.0 动合触点，避免线圈与左母线直接连接的语法错误。

参考程序

下面我们就把自动装车上料系统顺序功能图按上述指令及规则转换成梯形图，如图 4-6-10 所示。

动动脑吧

同学们自己由剪板机顺序功能图画出梯形图程序吧！

步骤六　调试运行

（1）连接好 PLC 输入/输出接线，启动 STEP 7-Micro/WIN4.0 编程软件。

（2）打开符号表编辑器，根据表 4-6-1 所示要求，将相应的符号与地址分别录入到符号表的符号栏和地址栏中。如符号栏写"启动按钮"，相应的地址栏则写"I0.0"。

（3）打开梯形图编辑器，录入程序并下载到 PLC 中，使 PLC 进入运行状态。

（4）使 PLC 进入梯形图监控状态。

（5）操作过程中同时观察输入/输出状态指示灯的亮灭情况。

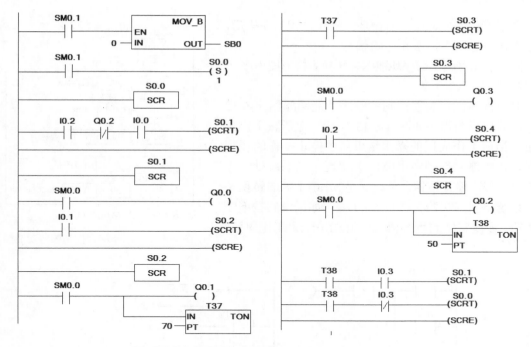

图 4-6-10 自动装车上料系统梯形图程序

项目拓展

任务 液体混合系统控制

1. 任务提出

图 4-6-11 是某液体混合装置示意图，此装置有搅拌电动机 M（1.5KW）及混合罐，罐内设置上限位 SL1、中限位 SL2 和下限位 SL3 液位传感器，电磁阀门 YV1 和 YV2 控制两种液体的注入，电磁阀门 YV3 控制液体的流出。控制要求是将两种液体按比例混合，搅拌 30s 后输出混合液。具体控制过程如下。

按下启动按钮，开始下列操作：

（1）开启电磁阀 Y1，开始注入液体 A，至液面高度到达液面传感器 SL2 处时（此时 SL2 和 SL3 为 ON），停止注入液体 A，同时开启电磁阀 Y2 注入液体 B，当液面升至液面传感器 SL1 处时，停止注入液体 B。

（2）停止注入液体 B 时，开启搅拌机，搅拌混合时间为 30s。

（3）停止搅拌后开启电磁阀 Y3，放出混合液体，至液体高度降到液面传感器 SL3 处后，再经 5s 关闭 Y3。

（4）循环（1）（2）（3）工作。

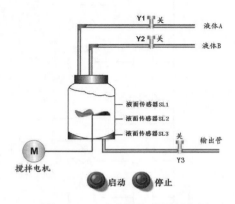

图 4-6-11 液体混合装置示意图

按下停止键后，在当前循环（操作过程）完毕后，停止操作，返回并停留在初始状态。

同学们试着画出顺序功能图并转换为梯形图程序。

2. 任务解决方案

对应液体混合装置控制的顺序功能图如图 4-6-12 所示，其梯形图程序如图 4-6-13 所示。对于按下停止按钮，当前工作周期的操作结束后才停止操作的控制要求，在顺序功能图中用 M1.0 实现。当系统处于步 S0.5 时，按下停止按钮，系统满足 $\overline{M1.0} \cdot T38$ 的转换条件，系统将回到初始状态步 S0.0 处；如果没有按下停止按钮，系统将回到步 S0.1 处，开始下一个工作周期。

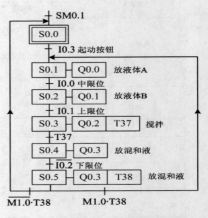

图 4-6-12　液体混合控制顺序功能图

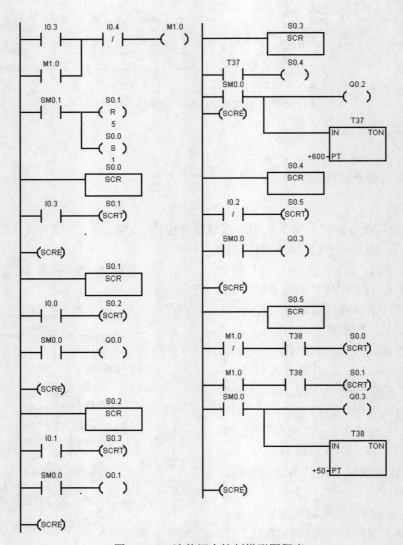

图 4-6-13　液体混合控制梯形图程序

任务训练

电镀生产线采用专用行车，行车架上装有可升降的吊钩，吊钩上装有被电镀的工件。专用行车在三相异步电动机 M1 拖动下，同行车架、吊钩及吊钩上被镀工件一起左右运行，吊钩及吊钩上被镀工件在三相异步电动机 M2 拖动下完成上下运行，电镀生产线上设有镀槽、回收液槽和清水槽。吊钩及吊钩上被镀工件上下运行时，设有上限位开关 SQ5 和下限位开关 SQ6。专用行车左右运行时，设有系统原点限位开关 SQ4、清水槽限位开关 SQ3、回收液槽限位开关 SQ2 和镀槽限位开关 SQ1。电镀生产线示意图如图 4-6-14 所示。

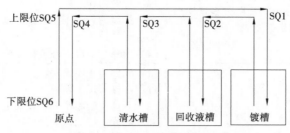

图 4-6-14　电镀生产线示意图

电镀生产线自动控制要求如下：

（1）系统启动前吊钩及吊钩上被镀工件处于原点位置。

系统启动后的工作循环为：工件放入镀槽——电镀 5min——提起停放 30s——放入回收液槽浸 10min——提起停放 16s——放入清水槽清洗 32s——提起停放 10s——专用行车返回原点。

（2）系统工作方式设置为自动循环。

（3）设计主电路及控制电路，画出控制系统顺序功能图并转换成梯形图程序。

知识测评

（1）顺序控制段开始指令的操作码是（　　）。

  A．SCR　　　　　　　　　　　　B．SCRP

  C．SCRE　　　　　　　　　　　　D．SCRT

（2）S7-200 系列 PLC 的顺序控制状态寄存器的地址编号范围为（　　）。

  A．S0.0～S15.7　　　　　　　　　B．S0.0～S31.7

  C．S0.0～S30.7　　　　　　　　　D．S1.0～S31.7

（3）下面不属于顺序控制指令的操作码是（　　）。

  A．SCR　　　　　　　　　　　　B．SCRP

  C．SCRE　　　　　　　　　　　　D．SCRT

（4）PLC 运行时总是 ON 的特殊存储器位是（　　）。首次扫描时为 1，用于程序的初始化的特殊存储器位是（　　）。

（5）当（　　）指令被激活，标志着一个顺序控制继电器段的开始；当满足条件使（　　）指令执行时，则转移到下一个顺序控制继电器段；当执行（　　）指令则结束该顺序控制继电器段。

项目评估

表 4-6-3　项目评估表

项目名称：自动装车上料控制系统的设计与调试				组别：	
项目	配分	考核要求	扣分标准	扣分记录	得分
电路设计	40 分	列出 PLC 输入/输出元件的地址分配表，设计梯形图及 PLC 输入/输出接线图，根据梯形图，列出指令表	（1）输入/输出地址遗漏或写错，每处扣 2 分； （2）梯形图表达不正确或画法不规范，每处扣 3 分； （3）接线图表达不正确或画法不规范，每处扣 3 分； （4）指令有错误，每条扣 2 分		
安装与接线	30 分	按照 PLC 输入/输出接线图在模拟配线板上正确安装元件，元件在配线板上布置要合理，安装要准确紧固。配线美观，下入线槽中且有端子标号，引出端要有别径压端子	（1）元件布置不整齐、不均匀、不合理，每处扣 1 分； （2）元件安装不牢固、安装元件时漏装螺钉，每处扣 1 分； （3）损坏元件，扣 5 分； （4）电动机运行正常，如不按电路图接线，扣 1 分； （5）布线不入线槽、不美观，主电路、控制电路每根扣 0.5 分； （6）接点松动、露铜过长、反圈、压绝缘层，标记线号不清楚、遗漏或误标，引出端子无别径压端子，每处扣 0.5 分； （7）损伤导线绝缘或线芯，每根扣 0.5 分； （8）不按 PLC 控制 I/O 接线图接线，每处扣 2 分		
程序输入与调试	20 分	熟练操作键盘，能正确地将所编写的程序下载到 PLC 中；按照被控设备的动作要求进行模拟调试，达到设计要求	（1）不熟练录入指令，扣 2 分； （2）不会用删除、插入、修改等命令，每项扣 2 分； （3）1 次试车不成功扣 4 分，2 次试车不成功扣 8 分，3 次试车不成功扣 10 分		
安全、文明工作	10 分	（1）安全用电，无人为损坏仪器、元件和设备； （2）保持环境整洁，秩序井然，操作习惯良好； （3）小组成员协作和谐，态度正确； （4）不迟到、早退、旷课	（1）发生安全事故，扣 10 分； （2）人为损坏设备、元器件，扣 10 分； （3）现场不整洁、工作不文明、团队不协作，扣 5 分； （4）不遵守考勤制度，每次扣 2～5 分		
总分					

项目七　机械手控制系统的设计与调试

项目目标

通过本项目的学习，学生应掌握以下职业能力：
- 通过国家标准、网络、现场及其他渠道收集信息；
- 在团队协作中正确分析、解决 PLC 控制系统设计、编程、调试等实际问题；
- 进一步了解 PLC 应用设计的步骤；
- 掌握程序控制指令的格式和功能，学会用程序控制指令来编写程序；
- 了解子程序的概念，掌握子程序的建立和调用的方法；
- 企业需要的基本职业道德和素质；
- 主动学习的能力、心态和行动。

项目要求

图 4-7-1（a）是某机械手的工作示意图，该机械手的任务是将工件从工作台 A 搬往工作台 B。工作台 A、B 上工件的传送采用 PLC 控制，机械手要求按一定的顺序动作，其结构示意图如图 4-7-1（b）所示。

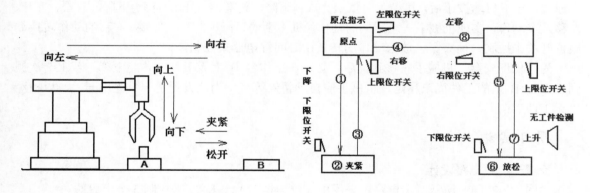

（a）机械手的工作示意图　　　　　　　（b）系统结构示意图

图 4-7-1　机械手的工作示意图和系统结构示意图

启动时，机械手从原点开始按顺序动作；停止时，机械手停止在现行工步上；重新启动时，机械手按停止前的动作继续进行。

为满足生产要求，机械手设置手动工作方式和自动工作方式，而自动工作方式又分为单步、单周期和连续工作方式。

（1）手动工作方式：利用按钮对机械手的每一步动作单独进行控制，例如：按上升按钮，机械手上升；按下降按钮，机械手下降。此种工作方式可使机械手置原位。

（2）单步工作方式：从原点开始，按自动工作循环的工序，每按一下启动按钮，机械手完成一步的动作后自动停止。

（3）单周期工作方式：按下启动按钮，从原点开始，机械手按工序自动完成一个周期的动作后，停在原位。

（4）连续工作方式：机械手在原位时，按下启动按钮，机械手自动连续执行周期动作。当按下停止按钮时，机械手保持当前状态。重新启动后机械手按停止前的动作继续进行。

应用 PLC，实现对该机械手的电气控制。

项目分析

1. 机械结构分析

在图 4-7-1 中，机械手的所有动作均采用电液控制、液压驱动。它的上升/下降和左移/右移均采用双线圈三位电磁阀推动液压缸完成。当某个电磁阀线圈通电，就一直保持当前的机械动作，直到相反动作的线圈通电为止。例如当下降电磁阀线圈通电后，机械手下降，即使线圈再断电，仍保持当前的下降动作状态，直到上升电磁阀线圈通电为止。机械手的夹紧/放松采用单线圈二位电磁阀推动液压缸完成，线圈通电时执行夹紧工作，线圈断电时执行放松动作。

为了使动作准确，机械手上安装了限位开关 SQ1、SQ2、SQ3、SQ4，分别对机械手进行下降、上升、右行、左行等动作的限位，并给出了动作到位的信号。另外，还安装了光电开关 SP，负责监测工作台 B 上的工件是否已移走，从而产生无工件信号，为下一个工件的下放做好准备。

2. 工艺过程分析

机械手的动作顺序、检测元件和执行元件的布置如图 4-7-1（b）所示。机械手的初始位置在原位，按下启动按钮后，机械手将依次完成：下降、夹紧、上升、右移、下降、放松、上升、左移八个动作，实现机械手一个周期的动作。机械手的下降、上升、左移、右移的动作转换靠限位开关来控制，而夹紧、放松动作的转换由时间继电器来控制。

为了保证安全，机械手右移到位后，必须在工作台 B 上无工件时才能下降。若上一次搬到工作台 B 上的工件尚未移走，机械手应自动暂停等待。为此设置了一只光电开关，以检测"无工件"信号。

项目实施

步骤一　主电路设计

如图 4-7-2（a）所示，主电路中采用中间继电器 KA1～KA5 来控制 5 个电磁阀。

步骤二　确定 I/O 点总数及地址分配

根据控制要求，输入/输出地址分配如表 4-7-1 所示。

表 4-7-1　机械手控制 I/O 地址分配表

		输入信号			输出信号
1	I0.0	启动 SB1	1	Q0.0	下降 KA1
2	I0.1	下限 SQ1	2	Q0.1	夹紧 KA2
3	I0.2	上限 SQ2	3	Q0.2	上升 KA3
4	I0.3	右限 SQ3	4	Q0.3	右移 KA4
5	I0.4	左限 SQ4	5	Q0.4	左移 KA5
6	I0.5	无工件检测 SP	6	Q0.5	原位显示 HL

	输入信号		输出信号
7	I0.6	停止 SB2	
8	I0.7	手动 SA	
9	I1.0	单步 SA	
10	I1.1	单周 SA	
11	I1.2	连续 SA	
12	I1.3	下降 SB3	
13	I1.4	上升 SB4	
14	I1.5	左移 SB5	
15	I2.0	右移 SB6	
16	I2.1	夹紧 SB7	
17	I2.2	放松 SB8	
18	I2.3	复位 SB9	

步骤三　PLC 选型

本项目输入点 18 个，输出点 6 个，选用一台继电器输出结构的 CPU 226（输入 24、输出 16）小型 PLC 作为机械手系统的控制核心。

步骤四　控制电路设计

机械手控制电路图如图 4-7-2（b）所示。

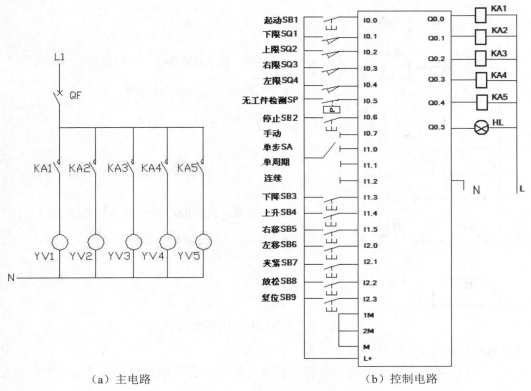

（a）主电路　　　　　　　　　　（b）控制电路

图 4-7-2　机械手电路图

步骤五　程序设计

相关知识

程序控制指令

程序控制指令的作用是控制程序的运行方向，如程序的跳转、程序的循环以及按步序进行控制等。在工程实践中常用来解决一些生产流程的选择性分支控制、并行分支控制等。

1. 跳转与标号指令

跳转与标号指令格式如表 4-7-2 所示。

表 4-7-2　跳转与标号指令

梯形图	语句表	功能
n ——(JMP)	JMP　n	跳转指令：当条件满足时，跳转到同一程序的标号（n）处
n ⊢☐ LBL	LBL　n	标号指令：标记跳转目的地的位置（n）

说明：

①跳转、标号 n 的取值范围是 0～255；

②跳转指令及标号指令只能用于同一程序段中，不能在主程序段中用跳转指令，而在子程序段中用标号指令。

【例 1】设 I0.3 为点动/连动控制选择开关，当 I0.3 得电时，选择点动控制；当 I0.3 不得电时，选择连续运行控制。采用跳转指令控制的点动/连动控制程序如图 4-7-3 所示。

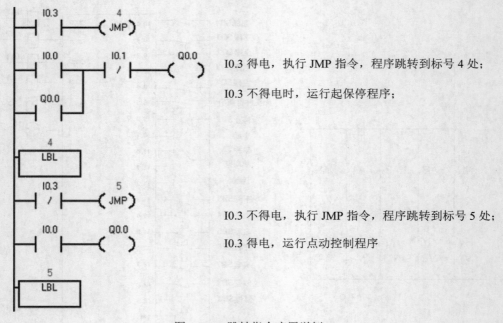

I0.3 得电，执行 JMP 指令，程序跳转到标号 4 处；

I0.3 不得电时，运行起保停程序；

I0.3 不得电，执行 JMP 指令，程序跳转到标号 5 处；

I0.3 得电，运行点动控制程序

图 4-7-3　跳转指令应用举例

2. 循环控制指令

程序循环控制结构用于描述一段程序的重复循环执行。循环控制指令格式和功能如表 4-7-3 所示。

表 4-7-3 循环控制指令

梯形图	语句表	功能
FOR EN ENO INDX INIT FINAL	FOR INDX,INIT,FINAL JMP n	当条件满足时，循环开始，INDX 为当前计数值，INIT 为循环次数初值，FINAL 为循环计数终值
(NEXT)	NEXT	循环返回，循环体结束指令

说明：

①由 FOR 和 NEXT 指令构成程序的循环体，使能输入 EN 有效，自动将各参数复位，循环体开始执行，执行到 NEXT 指令时返回，每执行一次循环体，当前计数器 INDX 增 1，达到终值 FINAL，循环结束。假设 INIT 是 1，FINAL 是 5，每次执行 FOR 与 NEXT 之间的指令后，INDX 和 NEXT 之间的指令被执行 5 次。

②FOR/NEXT 必须成对使用，循环可以嵌套，最多为 8 层。

3. 条件结束指令与停止指令

条件结束、停止指令格式和功能如表 4-7-4 所示。

表 4-7-4 条件结束指令与停止指令

梯形图	语句表	功能
—(END)	END	条件结束指令：当条件满足时，终止用户主程序的执行
—(STOP)	STOP	停止指令：立即终止程序的执行，CPU 从 RUN 到 STOP

说明：

①条件结束指令只能用在主程序，不能用在子程序和中断程序。

②如果 STOP 指令在中断程序中执行，那么该中断立即终止并且忽略所有挂起的中断，继续扫描程序的剩余部分，在本次扫描的最后完成 CPU 从 RUN 到 STOP 的转变。

4. "看门狗"复位指令

为监控 PLC 运行程序是否正常，PLC 系统都设置了"看门狗"（Watchingdog）监控程序。运行用户程序开始时，先清空"看门狗"定时器，并开始计时。当用户程序一个循环运行完，则查看定时器的计时值。若超时（一般不超过 100ms），则报警；严重超时，还可使 PLC 停止工作。用户可依报警信号采取相应的应急措施。定时器的计时值若不超时，则重复起始的过程，PLC 将正常工作。显然，有了这个"看门狗"监控程序，可保证 PLC 用户程序的正常运行，避免出现死循环而影响其工作的可靠性。

"看门狗"复位指令允许 S7-200 CPU 系统的"看门狗"定时器被重新触发，这样可以在不引起"看门狗"错误的情况下，增加此扫描所允许的时间。"看门狗"复位指令格式和功能如表 4-7-5 所示。

表 4-7-5 "看门狗"复位指令

梯形图	语句表	功能
—(WDR)	WDR	"看门狗"复位指令：当条件满足时，复位"看门狗"定时器

5．子程序调用及返回指令

将具有特定功能，并且多次使用的程序段作为子程序。当主程序调用子程序并执行时，子程序执行全部指令直至结束。然后返回到主程序的子程序调用处。子程序用于程序的分段和分块，使其成为较小的、更易于管理的块，只有在需要时才调用，可以更加有效地使用 PLC。

子程序指令格式及功能如表 4-7-6 所示。

表 4-7-6　子程序指令

梯形图	语句表	功能
SBR_0　EN	CALL SBR0	子程序调用指令
—(RET)	CRET	子程序有条件返回
无	RET	子程序无条件返回，系统能够自动生成

说明：

①子程序调用指令编写在主程序中，子程序返回指令编写在子程序中；

②子程序标号 n 的范围是 0～63；

③子程序可以不带参数调用，也可以带参数调用。带参数调用的子程序必须事先在局部变量表里对参数进行定义。

局部变量表中的变量有 IN、IN_OUT、OUT 和 TEMP 四类。

IN（输入）：是传入子程序的输入参数；

IN_OUT（输入/输出）：将参数的初始值传给子程序，并将子程序的执行结果返回给同一地址；

OUT（输出）：子程序的执行结果，它被返回给调用它的程序。被传递参数的数据类型有 BOOL、BYTE、WORD、INT、DWORD、DINT、REAL、STRING 八种；

TEMP：局部存储器只能用作子程序内部的暂时存储器，不能用来传递参数。

使用程序编辑器中的局部变量表为子程序指定变量如图 4-7-4 所示。使用局部变量增加了子程序的可移植性和再利用性。

局部变量表最左边的一列是每个参数在局部存储器（L）中的地址。

	符号	变量类型	数据类型
	EN	IN	BOOL
L0.0	变量1	IN	BOOL
LB1	变量2	IN	BYTE
		IN	
LW2	变量3	IN_OUT	WORD
		IN_OUT	
LD4	变量4	OUT	DWORD
		OUT	
LW8	变量5	TEMP	INT
		TEMP	

图 4-7-4　局部变量表

④在编程软件中，无条件子程序返回指令（RET）为自动默认，不需要在子程序结束时输入任何代码。执行完子程序以后，控制程序回到子程序调用前的下一条指令。子程序可嵌套，嵌套深度最多为 8 层。

参考程序

（1）整体设计（主程序设计）。

为使编程结构简洁、明了，把手动程序和自动程序分别编成相对独立的子程序模块，通过调用指令进行功能选择。当工作方式选择开关选择手动工作方式时，I0.7 接通，执行手动程序设计；当工作方式选择开关选择自动方式（单步、单周期、连续）时，I1.0、I1.1、I1.2 分别接通，执行自动控制程序。主程序梯形图如图 4-7-5 所示。

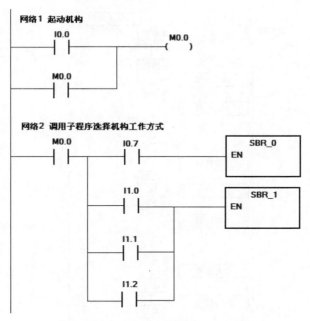

图 4-7-5　机械手控制主程序梯形图

（2）手动控制程序。

手动操作不需要按工序顺序动作，可以按普通继电接触器系统来设计。手动控制程序如图 4-7-6 所示。

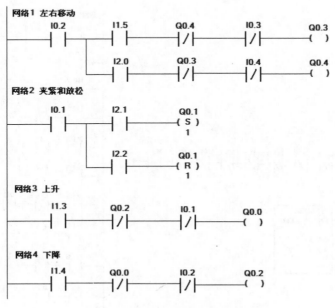

图 4-7-6　机械手手动控制梯形图程序

（3）自动操作程序。

由于自动操作的动作比较复杂，不容易直接设计出梯形图来，可以先画出自动操作流程图，再根据控制要求设计出梯形图。机械手自动操作流程图如图 4-7-7 所示，梯形图如图 4-7-8 所示。

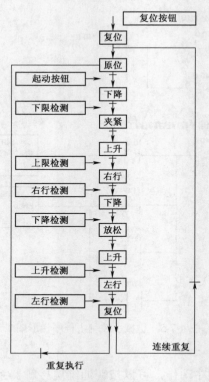

图 4-7-7 机械手自动控制流程图

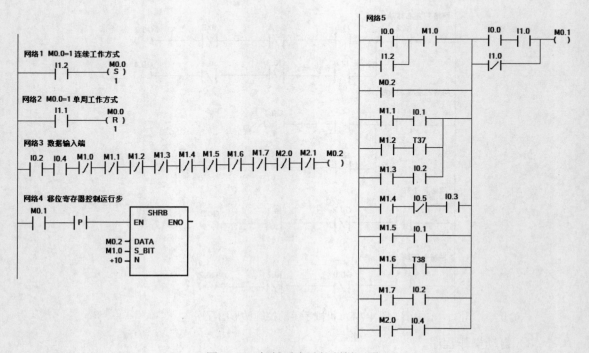

图 4-7-8 机械手自动控制梯形图

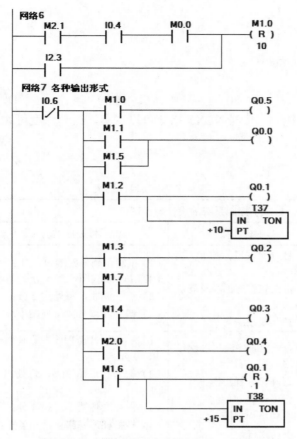

图 4-7-8 机械手自动控制梯形图（续图）

步骤六 调试运行

（1）根据原理图连接 PLC 线路，检查无误后，将程序下载到 PLC 中，运行程序，观察控制过程。

（2）使 PLC 进入梯形图监控状态。

（3）操作过程中同时观察输入/输出状态指示灯的亮灭情况。

知识测评

（1）S7-200 系列 PLC 的子程序调用指令和子程序条件返回指令分别为（　　）。

　　A．ATCH、RETI　　　　　　　　B．CALL、CRET

　　C．CALL、RETI　　　　　　　　D．DTCH、CRET

（2）暂停指令的操作码是（　　）。

　　A．END　　　　　　　　　　　　B．STOP

　　C．RUN　　　　　　　　　　　　D．RESET

（3）JMP　n 这条指令中，n 的取值范围是（　　）。

　　A．0～128　　　　B．1～64　　　　C．0～256　　　　D．0～255

（4）FOR 指令的格式如下图所示。当 EN 条件允许时将 FOR 与 NEXT 指令之间的程序执行（　　）次。

```
        ┌──────────┐
        │   FOR    │
      ──┤EN        │
  VW10 ──┤INDX     │
     1 ──┤INIT     │
    20 ──┤FINAL    │
        └──────────┘
```

　A. 1 位　　　　　　B. 20 位　　　　　C. 19 位　　　　　D. 10 位

（5）在循环指令中，FOR 与 NEXT 指令可以嵌套，嵌套深度可达（　　）层。

项目评估

表 4-7-7　项目评估表

项目名称：机械手控制系统的设计与调试				组别：	
项目	配分	考核要求	扣分标准	扣分记录	得分
设备安装	30 分	（1）会分配端口、画 I/O 接线图； （2）按图完整、正确及规范接线； （3）按照要求编号	（1）不能正确分配端口，扣 5 分，画错 I/O 接线图，扣 5 分； （2）错、漏线，每处扣 2 分； （3）错、漏编号，每处扣 1 分		
编程操作	30 分	（1）会采用时序波形图法设计程序； （2）正确输入梯形图； （3）正确保存文件； （4）会转换梯形图； （5）会传送程序	（1）不能设计出程序或设计错误扣 10 分； （2）输入梯形图错误，每处扣 2 分； （3）保存文件错误，扣 4 分； （4）转换梯形图错误，扣 4 分； （5）传送程序错误，扣 4 分		
运行操作	30 分	（1）运行系统，分析操作结果； （2）正确监控梯形图	（1）系统通电操作错误，每步扣 3 分； （2）分析操作结果错误，每处扣 2 分； （3）监控梯形图错误，扣 4 分		
安全、文明工作	10 分	（1）安全用电，无人为损坏仪器、元件和设备； （2）保持环境整洁，秩序井然，操作习惯良好； （3）小组成员协作和谐，态度正确； （4）不迟到、早退、旷课	（1）发生安全事故，扣 10 分； （2）人为损坏设备、元器件，扣 10 分； （3）现场不整洁、工作不文明，团队不协作，扣 5 分； （4）不遵守考勤制度，每次扣 2～5 分		
总分					

项目八　自动生产线数码显示控制系统的设计与调试

项目目标

通过本项目的学习，学生应掌握以下职业能力：

- 通过国家标准、网络、现场及其他渠道收集信息；
- 在团队协作中正确分析、解决 PLC 控制系统设计、编程、调试等实际问题；
- 熟练 S7-200 CPU 外接七段 LED 的接线操作；
- 掌握 S7-200 各种转换指令和表功能指令的格式及使用方法；
- 掌握运用 "七段显示译码指令 SEG" 来设计数码显示系统的方法；
- 进一步了解 PLC 应用设计的步骤；
- 掌握在程序中使用内部辅助寄存器来辅助实现控制功能的方法；
- 企业需要的基本职业道德和素质；
- 主动学习的能力、心态和行动。

项目要求

在日常生活中，常见到广告牌、路标标识、交通灯倒计时以及生产线上的显示系统，可以显示数字或字母。本任务就是利用 PLC 的指令系统来实现对一组显示灯的控制，形成所需要显示的图形，并按一定的顺序循环显示。

利用七段显示译码指令 SEG，设计 LED 数码显示控制系统，控制要求如下：

按下启动按钮后，由 8 组 LED 发光二极管模拟的八段显示数码管开始显示数字及字符，显示次序是：数字 0、1、2、3、4、5、6、7、8、9 及字符 A、B、C、D、E、F，显示的时间间隔是 0.5s，再返回初始显示，并循环不止。

项目分析

在项目四的抢答器任务练习中，我们使用了人工编码方式用七段 LED 显示了抢答组的数字信息，同时也掌握了 PLC 控制七段 LED 的接线方法。在本项目中，通过专门的七段显示译码指令 SEG 来进行数字显示，用于自动生产线数码显示控制系统梯形图程序，控制方式更为方便简捷。

项目实施

步骤一 确定 I/O 点总数及地址分配

根据控制要求，输入/输出地址分配如表 4-8-1 所示。

表 4-8-1 数码显示控制 I/O 地址分配表

输入信号			输出信号		
1	I0.0	启动按钮 SB0	1	Q0.0	发光二极管 LED0
			2	Q0.1	发光二极管 LED1
			3	Q0.2	发光二极管 LED2
			4	Q0.3	发光二极管 LED3
			5	Q0.4	发光二极管 LED4
			6	Q0.5	发光二极管 LED5
			7	Q0.6	发光二极管 LED6

步骤二　PLC 选型

根据控制系统的要求，考虑到在生产线控制系统中，数码显示仅是局部控制功能，系统的相关扩展功能较多（如计数、警灯等），选用一台继电器输出结构的 CPU 226（输入 24、输出 16）小型 PLC 作为生产线数码显示的控制核心。

步骤三　控制电路设计

参照 PLC 的 I/O 分配表，结合系统的电气要求，设计信号灯采用直流 24V 电源供电，并且负载电流很小，可由 PLC 输出接点直接驱动,生产线数码显示的 PLC 控制电气接线如图 4-8-1 所示。

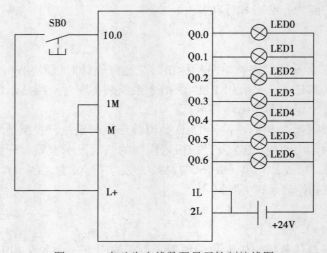

图 4-8-1　自动生产线数码显示控制接线图

步骤四　程序设计

相关知识

1. 转换指令

转换指令的作用是对数据格式进行转换，它包括字节数与整数的互换、整数与双字整数的互换、双字整数与实数的互换、BCD 码与整数的互换、ASCII 码与十六进制数的互换、以及编码、译码、段码等操作。它们主要用于数据处理时的数据匹配及数据显示。

（1）数据转换指令。

数据转换指令格式和功能如表 4-8-2 所示。

表 4-8-2　数据转换指令

梯形图	语句表	说明
I_B　　　　　B_I EN　ENO　　EN　ENO IN　OUT　　IN　OUT	ITB IN,OUT BTI IN,OUT	整数转换成字节指令 字节转换成整数指令
I_DI　　　　DI_I EN　ENO　　EN　ENO IN　OUT　　IN　OUT	ITD IN,OUT DTI IN,OUT	整数转换成双整数指令 双整数转换成整数指令

续表

梯形图	语句表	说明
DI_R EN ENO IN OUT	DTR IN,OUT	双整数转换成实数指令
I_BCD EN ENO IN OUT BCD_I EN ENO IN OUT	IBCD,OUT BCDI,OUT	整数转换成 BCD 码 BCD 码转换成整数
ROUND EN ENO IN OUT TRUNC EN ENO IN OUT	ROUND IN,OUT TRUNC IN,OUT	实数四舍五入为双整数 实数截取整为双整数
HTA EN ENO IN OUT LEN ATH EN ENO IN OUT LEN	HTA IN,OUT,LEN ATH IN,OUT,LEN	HTA 指令把从 IN 开始，长度为 LEN 的十六进制数转换为 ASCII 码，存放在从 OUT 开始的单元 ATH 指令把从 IN 开始，长度为 LEN 的 ASCII 码字符串转换成十六进制数，存放在从 OUT 开始的单元

说明：

① 操作数不能寻址一些专用的字及双字存储器，如 T、C、HC 等。OUT 不能寻址常数；

② ATH 及 HTA 指令各操作数按字节寻址，不能对一些专用字及双字存储器如 T、C、HC 等寻址，LEN 可寻址常数；

③ ATH 指令中，ASCII 码字符串的最大长度为 255 个字符；HTA 指令中，可转换的十六进制数的最大个数也为 255。合法的 ASCII 码字符的十六进制值在 30～39 和 41～46 之间。

【例 1】图 4-8-2 是已知直径，求圆周长的程序。

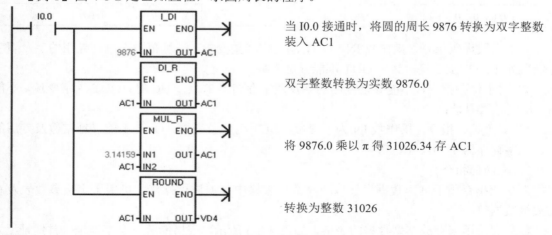

图 4-8-2 求圆周长程序

（2）七段译码、编码、译码指令。

七段译码、编码、译码指令格式如表 4-8-3 所示。

表 4-8-3　段码、编码、译码指令

梯形图	语句表	说明
SEG EN　ENO IN　OUT	SEG IN,OUT	七段译码指令：将输入字节 IN 的低四位有效数字值，转换为七段显示码，并输出到字节 OUT
DECO EN　ENO IN　OUT	DECO IN,OUT	译码指令：根据输入字节 IN 的低 4 位所表示的位号（十进制数）值，将输出字 OUT 相应位置 1，其他位置 0
ENCO EN　ENO IN　OUT	ENCO IN,OUT	编码指令：将输入字 IN 中最低有效位的位号，转换为输出字节 OUT 中的低 4 位数据

说明：

① 七段显示码的编码规则如表 4-8-4 所示。

表 4-8-4　七段显示码的编码规则

IN	OUT .gfe dcba	段码显示	IN	OUT .gfe dcba
0	0011 1111		8	0111 1111
1	0000 0110		9	0110 0111
2	0101 1011		A	0111 0111
3	0100 1111		B	0111 1100
4	0110 0110		C	0011 1001
5	0110 1101		D	0101 1110
6	0111 1101		E	0111 1001
7	0000 0111		F	0111 0001

对于七段译码指令，操作数 IN、OUT 均为字节型变量，寻址范围不包括专用的字及双字存储器如 T、C、HC 等，其中 OUT 不能寻址常数；

② 对于译码指令，不能寻址专用的字及双字存储器 T、C、HC 等；OUT 为字变量，不能对 HC 及常数寻址；

③ 对于编码指令，操作数 IN 为字变量，OUT 为字节变量，OUT 不能寻址常数及专用的字、双字存储器 T、C、HC 等。

2. 表功能指令

表功能指令用于创建数据表格以及对数据表格中数据进行操作，可用于定义参数表及存储成组数据等。

数据表是用来存放字型数据的表格，如表 4-8-5 所示。表格的第一个字地址（首地址）为表地址，首地址中的数值是表格的最大长度（TL），即最大填表数。表格的第二个字地址中的数值是表的实际长度（EC），指定表格中的实际填表数。每次向表格中增加新数据后，EC 加 1。从第三个字地址开始，存放数据（字）。表格最多可存放 100 个数据（字），不包括指定最大填表数（TL）和实际填表数（EC）的参数。

表 4-8-5　数据表结构

单元地址	单元内容	说明
VW200	0004	TL（最大填表数）
VW202	0003	EC（实际填表数）
VW204	1233	数据 0（DATA0）
VW206	2455	数据 1（DATA1）
VW208	3353	数据 2（DATA2）
VW210	xxxx	

表操作指令的格式和功能如表 4-8-6 所示。

表 4-8-6　表操作指令

梯形图	语句表	功能
AD_T_TBL EN ENO DATA TBL	ATT DATA,TBL	填表指令：向表 TBL 中增加一个字值 DATA，新填入的数据放在表格中最后一个数据的后面，EC 的值自动加 1
FIFO EN ENO TBL DATA	FIFO TABLE,DATA	先入先出指令：将表 TABLE 的第一个字型数据删除，并将它送到 DATA 指定的单元。表中其余的数据项都向前移动一个位置，同时实际填表数 EC 值减 1
LIFO EN ENO TBL DATA	LIFO TABLE,DATA	后入先出指令：将表 TABLE 的最后一个字型数据删除，并将它送到 DATA 指定的单元。剩余数据位置保持不变，同时实际填表数 EC 值减 1
TBL_FIND EN ENO TBL PTN INDX CMD	FND= TBL,PTN,INDEX	查表指令：从 INDEX 指定的数据项开始，用给定值 PTN 检索出符合条件（=，<>，<，>）的数据项 如果找到一个符合条件的数据项，则 INDEX 指明该数据项在表中的位置。如果一个也找不到，则 INDEX 的值等于数据表的长度（EC 的值）。为了搜索下一个符合的值，在再次使用该指令之前，必须先将 INDEX 加 1

说明：

① TBL 为表格的首地址（即最大填表数对应的地址），数据类型为字型，其操作数可为：VW、IW、QW、MW、SW、SMW、LW、T、C、*VD、*LD、*AC，查表指令的 TBL 为实际填表数对应的地址；

② DATA 为数据输入端时，数据类型为整数，其操作数可为：VW、IW、QW、MW、SW、SMW、LW、T、C、AIW、AC、常量、*VD、*LD、*AC；DATA 为数据输出端时，数据类型为整数，其操作数可为：VW、IW、QW、MW、SW、SMW、LW、AC、T、C、AQW、*VD、*LD、*AC；

③ 一个表中最多可以有 100 条数据，数据编号范围：0~99，如果表出现溢出，SM1.4 会为 1。读表的时候，如果读取空表，则 SM1.5 会为 1；

④ 查表指令中的 CMD 为 1～4 的数值，分别代表=、<>、<、>。INDX 为搜索指针，数据类型为字型，从 INDX 所指的数据编号开始查找，并将搜索到的符合条件的数据的编号放入 INDX 所指定的存储器。INDX 操作数：VW、IW、QW、MW、SW、SMW、LW、T、C、AC、*VD、*LD、*AC。将 INDX 的值设为 0，则从表格的顶端开始搜索。

给你 10 分钟

打开 STEP 7-Micro/WINV4.0 编辑软件，从指令树中逐条拖出表功能指令到程序编辑器窗口，将光标定位于相应指令上按 F1 键，认真学习 STEP 7-Micro/WINV4.0 软件中自带的指令介绍及应用举例。

3. 时钟指令

利用时钟指令可以方便地实现对控制系统运行的监视、运行记录及和实时时间有关的控制等。

时钟指令格式和功能如表 4-8-7 所示。

表 4-8-7　时钟指令

梯形图	语句表	功能
READ_RTC EN　ENO T	TODR　T	读系统时钟指令：从实时时钟读取当前时间和日期，并装入以 T 开始的 8 字节缓冲区
SET_RTC EN　ENO T	TODW　T	写系统时钟指令：以 T 开始的 8 字节时钟缓冲区的内容写入时钟

说明：

① T 缓冲区的起始单元地址，数据类型为字节型，其操作数可以是 IB、QB、VB、MB、SMB、SB、LB、*VD、*LD、*AC；

② 两个时钟指令的格式相同，如表 4-8-8 所示；

表 4-8-8　读、写系统时钟指令格式

T	T+1	T+2	T+3	T+4	T+5	T+6	T+7
年 00～99	月 01～12	日 01～31	小时 00～23	分钟 00～59	秒 00～59	0	星期 0～7[*]

注：星期的取值范围为 0～7，1=星期日，7=星期六，0 是将禁用星期。

③ S7-200 CPU 不核实日期是否正确，可能接受无效日期，比如 2 月 30 日，所以必须确保输入的日期是正确的；

④ 不要同时在主程序和中断程序中使用 TODR 或 TODW 指令；

⑤ 对于没有使用过时钟指令或长时间断电或内存丢失后的 PLC，在使用时钟指令前，要通过 STEP 7 软件 PLC 菜单对 PLC 时钟进行设定，然后才能开始使用时钟指令。时钟可以设定成与 PC 系统时间一致，也可用 TODW 指令自由设定。

【例 2】控制路灯的定时接通和断开。控制要求：18:00 时开灯，06:00 时关灯。可通过图 4-8-3 所示梯形图完成。

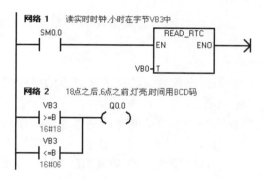

图 4-8-3　路灯控制程序

参考程序

根据控制系统的要求，程序设计如图 4-8-4 所示。

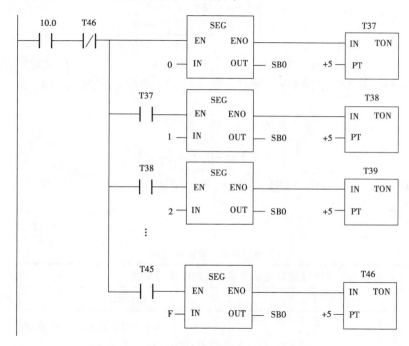

图 4-8-4　LED 数码显示控制电路的控制程序

步骤五　调试运行

（1）首先按照图 4-8-1 所示接线图进行配线，LED 数码显示控制的实训面板图如图 4-8-5 所示。

（2）启动 STEP 7 Micro/WIN4.0 编程软件。打开符号表编辑器，根据表 4-8-1 所示要求，将相应的符号与地址分别录入到符号表的符号栏和地址栏中。如符号栏写"启动按钮"，相应的地址栏则写"I0.0"。

（3）打开梯形图编辑器，录入程序并下载到 PLC 中，使 PLC 进入运行状态。

（4）使 PLC 进入梯形图监控状态。

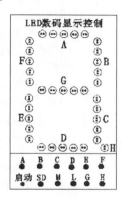

图 4-8-5　LED 数码显示控制的实训面板

（5）按下 SB0，观察七段 LED 显示情况及输入/输出状态指示灯的亮灭情况。

知识测评

（1）把一个双字整数转换为一个整数值的梯形图指令的操作码是（　　）。

　　A．B-I　　　　　　B．I-B　　　　　　C．D-I　　　　　　D．I-D

（2）把一个双字整数转换为一个实数值的梯形图指令的操作码是（　　）。

　　A．DI-R　　　　　　B．D-R　　　　　　C．D-I　　　　　　D．R-D

（3）把一个实数转换为一个双字整数值的 ROUND 指令，它的小数部分采用（　　）原则处理。

（4）设 VW10 中存有数据 1234，现执行以下指令，则指令的执行结果（　　）。

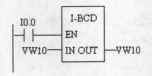

　　A．1234　　　　　　B．04D2　　　　　　C．0D24　　　　　　D．4321

（5）设 VB48 字节中存有十进制数 5，现执行以下指令，则指令的执行结果 AC0 的内容是（　　）。

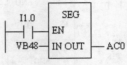

　　A．6EH　　　　　　B．6DH　　　　　　C．03H　　　　　　D．07H

项目评估

表 4-8-9　项目评估表

项目名称：自动生产线数码显示控制系统的设计与调试				组别：	
项目	配分	考核要求	扣分标准	扣分记录	得分
设备安装	30 分	（1）会分配端口、画 I/O 接线图； （2）按图完整、正确及规范接线； （3）按照要求编号	（1）不能正确分配端口，扣 5 分，画错 I/O 接线图，扣 5 分； （2）错、漏线，每处扣 2 分； （3）错、漏编号，每处扣 1 分		
编程操作	30 分	（1）会采用时序波形图法设计程序； （2）正确输入梯形图； （3）正确保存文件； （4）会转换梯形图； （5）会传送程序	（1）不能设计出程序或设计错误，扣 10 分； （2）输入梯形图错误，每处扣 2 分； （3）保存文件错误，扣 4 分； （4）转换梯形图错误，扣 4 分； （5）传送程序错误，扣 4 分		
运行操作	30 分	（1）运行系统，分析操作结果； （2）正确监控梯形图	（1）系统通电操作错误，每步扣 3 分； （2）分析操作结果错误，每处扣 2 分； （3）监控梯形图错误，扣 4 分		

续表

项目名称：自动生产线数码显示控制系统的设计与调试　　　　组别：

项目	配分	考核要求	扣分标准	扣分记录	得分
安全、文明工作	10 分	（1）安全用电，无人为损坏仪器、元件和设备； （2）保持环境整洁，秩序井然，操作习惯良好； （3）小组成员协作和谐，态度正确； （4）不迟到、早退、旷课	（1）发生安全事故，扣 10 分； （2）人为损坏设备、元器件，扣 10 分； （3）现场不整洁、工作不文明、团队不协作，扣 5 分； （4）不遵守考勤制度，每次扣 2～5 分		
		总分			

思考与练习

1. 画出题图 4-1 所示波形对应的顺序功能图。

2. 画出实现红黄绿三种颜色信号灯循环显示（要求循环间隔时间为 0.5s）的顺序功能图。

3. 某运料小车装卸料往复运动控制的要求是：当按启动按钮 SB0 后，运料小车开始沿轨道向前运动；运料小车到达运料点时，位置开关 SQ1 动作，运料小车停止，延时 5s 钟用于装料；5s 后，运料小车自动返回，到达起点后，位置开关 SQ2 动作，运料小车停止，延时 2 分钟用于卸料并加工；2 分

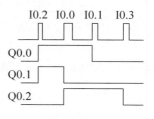

题图 4-1　题 1 的波形图

钟后，加工好的物料被装上运料小车，运料小车会自动向前到达仓库；到达仓库后，位置开关 SQ3 动作，停止运料小车的运动，卸料时间为 5s；运料小车在延时 5s 后回到起点，整个过程结束，等待下一次再按动 SB0，如题图 4-2 所示。画出控制系统的顺序功能图，并编写 PLC 控制程序。

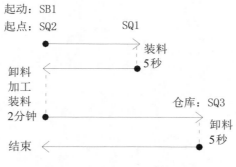

题图 4-2　运料小车控制示意图

4. 冲床的运动示意图如题图 4-3 所示。初始状态时机械手在最左边，I0.4 为 ON；冲头在最上面，I0.3 为 ON；机械手松开（Q0.0 为 OFF）。按下启动按钮 I0.0，Q0.0 变为 ON，工件被夹紧并保持，2s 后 Q0.1 变为 ON，机械手右行，直到碰到限位开关 I0.1，以后将顺序完成以下动作：冲头下行，冲头上行，机械手左行，机械手松开（Q0.0 被复位），延时 2s 后，系

统返回初始状态，各限位开关和定时器提供的信号是相应步之间的转换条件。画出控制系统的顺序功能图。

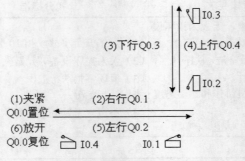

题图 4-3　冲床的运动示意图

5．有三台电动机，设置 2 种起停方式。手动操作方式：用每个电动机各自的起停按钮控制 M1～M3 的起停状态；自动操作方式：按下启动按钮，M1～M3 每隔 5s 依次起动；按下停止按钮，M1～M3 同时停止。

6．用循环指令求从 VW0 开始存放的 10 个数的平均值，结果存于 VW0。

7．当 I0.1 为 ON 时，定时器 T39 开始定时，产生 1s 的脉冲，调用子程序，在子程序中将模拟量 AIW0 的值送 VW20，设计主程序和子程序。

模块五　组合机床 PLC 控制系统的设计与调试

学习了本模块后，你将会……

- 了解组合机床的控制过程，掌握模拟机床控制程序的设计与调试方法；
- 了解机床电气系统维护方法；
- 掌握 S7-200 系列 PLC 中断功能的应用；
- 了解 S7-200 系列 PLC 高速处理类指令的使用方法；
- 能够为解决中等难度的问题打下良好的基础。

PLC 理实一体化实训室、机加工车间

项目九　组合机床动力滑台控制系统的设计与调试

项目目标

通过本项目的学习，学生应掌握以下职业能力：

- 通过国家标准、网络、现场及其他渠道收集信息；
- 在团队协作中正确分析、解决 PLC 控制系统设计、编程、调试等实际问题；
- PLC 控制系统设计的主要内容以及系统设计与调试的主要步骤；
- 训练组合机床动力滑台控制系统的设计与模拟调试；
- 了解 PLC 采用中断功能编写程序的方法；
- 具有综合性工作任务的实施能力；
- 企业需要的基本职业道德和素质；
- 主动学习的能力、心态和行动。

项目要求

组合机床主要用于大批量生产零部件的打孔和扩孔等加工工序，其加工精度与加工效率要求均较高，目前均采用专用设备进行加工。组合机床由动力头和动力滑台两部分组成，动力滑台的机械进给运动可以采用液压驱动。为提高工效，进给速度通常分为快进与工进。本任务为组合机床液压动力滑台的 PLC 自动工作循环控制。

液压动力滑台采用电磁换向阀来控制动力头的快进、工进和快退，其一个工作循环的工艺流程如图 5-9-1 所示。

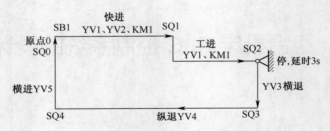

图 5-9-1　液压动力滑台工作循环流程图

具体控制要求：

滑台在原始位置，按动启动按钮 SB1，电磁阀 YV1、YV2 得电，滑台快进，同时接触器 KM1 驱动主轴电动机 M 启动；压下行程开关 SQ1，YV2 失电，滑台由快进变为工进，进行切削加工；压下行程开关 SQ2，工进结束，YV1 失电，滑台停留 3s；延时时间到 KM1 失电，主轴电动机 M 停转，同时 YV3 得电，滑台做横向退刀；压下行程开关 SQ3，YV3 失电，横退结束，YV4 得电，滑台做纵向退刀；压下行程开关 SQ4，YV4 失电，纵退结束，YV5 得电，滑台做横向进给直到原点，压下行程开关 SQ0，YV5 失电，完成一次工作循环。

启动后，滑台要做连续循环，按动停止按钮 SB2 后，滑台要返回原点才能停止。

项 目 分 析

首先要深入了解和分析被控对象的工艺条件和控制要求，根据项目要求，画出液压动力滑台自动循环工艺流程图如图 5-9-2 所示。

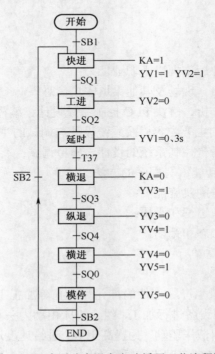

图 5-9-2　液压动力滑台自动循环工艺流程图

项目实施

步骤一　主电路设计

根据控制系统的设计要求，PLC 外部输入设备（如按钮和行程开关）可以直接作为 PLC 的输入。可选用电源电压为 24V 的直流电磁铁，其工作电流小于 1A，可直接用 PLC 的输出器件驱动。主轴电机 M 单向运转，主电路中用 1 个接触器 KM1 控制，KM1 由中间继电器 KA 控制，KA 在控制电路中和液压系统电磁阀 YV 共用直流 24V 电源，由 PLC 直接驱动。主电路如图 5-9-3 所示。

步骤二　确定 I/O 点数及地址分配

控制回路中有启动按钮 SB1、停止按钮 SB2 以及 5 个行程开关 SQ0～SQ4，输入信号共 7 个；输出有主轴电机接触器 KM1 以及液压动力台的电磁换向阀 YV1～YV5 共 6 个。PLC 的 I/O 地址分配如表 5-9-1 所示。

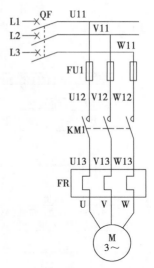

图 5-9-3　主轴电机主电路图

表 5-9-1　液压动力滑台 I/O 地址分配表

		输入信号			输出信号
1	I0.0	启动按钮 SB1	1	Q0.0	主轴（KM1）
2	I0.1	停止按钮 SB2	2	Q0.1	快进、工进 YV1
3	I0.2	原点 SQ0	3	Q0.2	工进 YV2
4	I0.3	工进 SQ1	4	Q0.3	横退 YV3
5	I0.4	终点停 SQ2	5	Q0.4	纵退 YV4
6	I0.5	纵退 SQ3	6	Q0.5	横进 YV5
7	I0.6	横进 SQ4			

步骤三　PLC 选型

电磁铁 YV 为直流电源，且无高速动作要求，故 PLC 的输出形式可采用继电器、晶体管型中任意一种。根据控制系统的设计要求，考虑到系统的扩展和功能，选用一台晶体管输出结构的 CPU 224 小型 PLC 作为控制核心，CPU 224 的 I/O 点数为 24 点（14 入、10 出）。

步骤四　控制电路设计

参照 PLC 的 I/O 分配表，结合系统的电气要求，液压动力滑台 PLC 控制电气接线如图 5-9-4 所示。

步骤五　程序设计

工艺流程图对系统的控制过程进行了详细的描述，分为快进、工进、延时、横退、纵退、

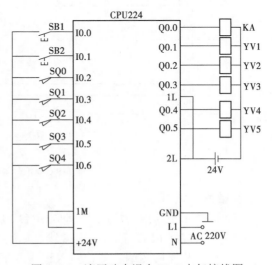

图 5-9-4　液压动力滑台 PLC 电气接线图

横进等加工步骤，一个循环结束时，根据停止按钮 SB2 的按动记忆，选择结束工作或者下一循环周期的开始。依照流程图的设计思想，编写出满足控制要求的梯形图（参考程序如图 5-9-5 所示）。

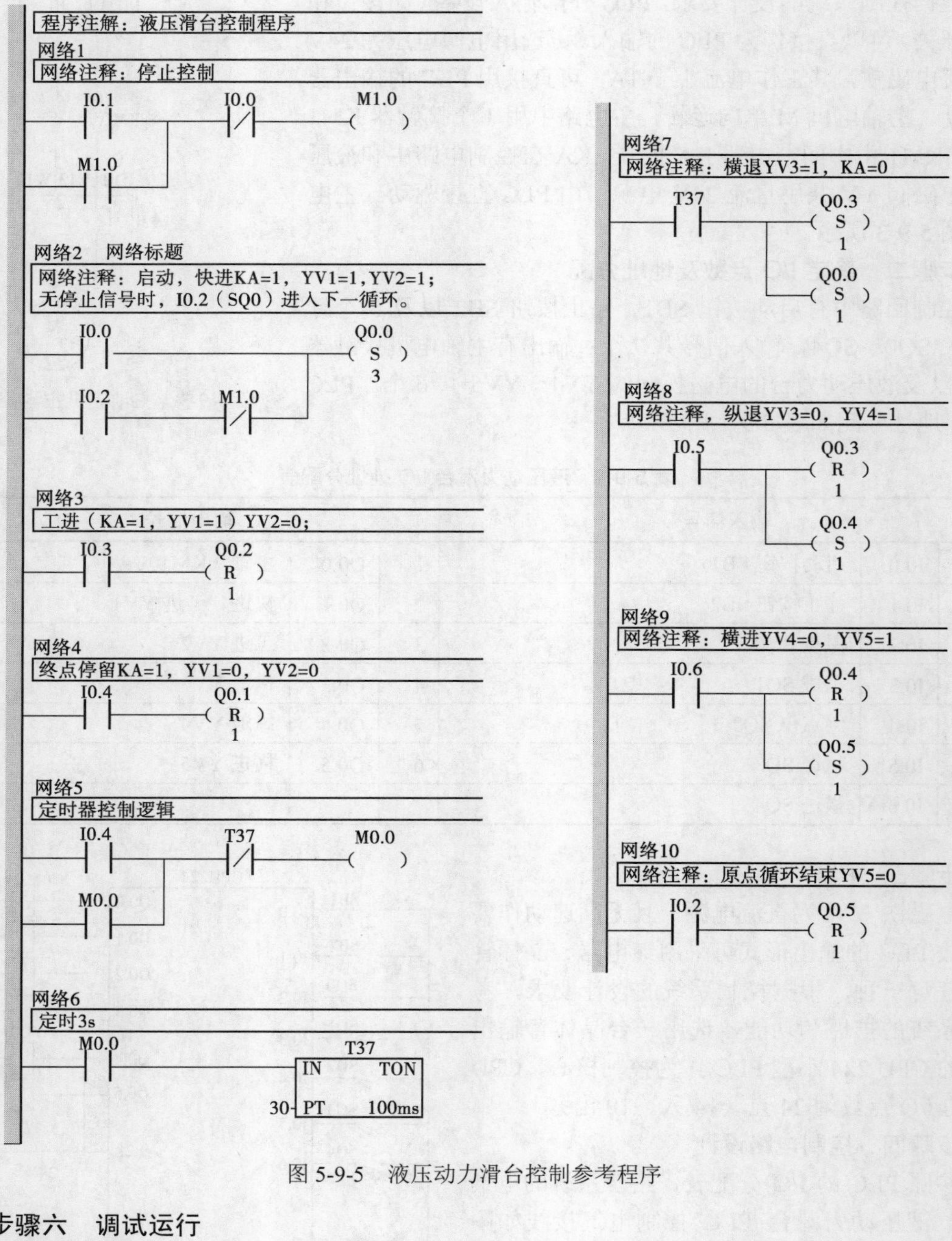

图 5-9-5　液压动力滑台控制参考程序

步骤六　调试运行

（1）按照图 5-9-4 所示液压动力滑台 PLC 电气接线图进行接线安装。

（2）连接好 PLC 输入/输出接线，启动 STEP 7-Micro/WIN4.0 编程软件。

（3）打开梯形图编辑器，录入程序并下载到 PLC 中，使 PLC 进入运行状态。

（4）按照控制要求与自动循环方式运行系统，相应操作输入设备或信号，观察系统运行结果，若系统未能完成相应动作，应检查相应的电气系统接线是否正确，检查程序设计与录入中是否存在错误，直到完全正确运行为止。

项目拓展

任务　PLC 中断处理功能

1. 任务提出

使用定时中断，编程完成采样工作，要求每 10ms 采样一次。

2. 任务相关知识

中断是计算机在实时处理和实时控制中不可缺少的一项技术。当控制系统执行正常程序时，出现了某些急需处理的异常情况或特殊请求时，系统暂时中断现行程序，转去处理紧急事件（即中断服务程序），中断服务程序处理完毕，系统自动回到原来的程序继续执行。

（1）中断事件。

中断事件向 CPU 发出中断请求，S7-200 有 34 个中断事件，每一个中断事件都分配一个编号用于识别，叫做中断事件号。中断事件大致可以分为三大类：通信中断；输入/输出中断和时基中断。

① 通信中断

PLC 的自由通信模式下，通信口的状态可由程序来控制。用户可以通过编程来设置通信协议、波特率和奇偶校验。S7-200 系列 PLC 有 6 种通讯口中断事件。

② I/O 中断

S7-200 对 I/O 点状态的各种变化产生中断事件。包括外部输入中断、高速计数器中断和脉冲串输出中断。这些事件可以对高速计数器、脉冲输出或输入的上升或下降状态做出响应。

外部输入中断是系统利用 I0.0～I0.3 的上升或下降沿产生中断。这些输入点可被用作连接某些一旦发生必须引起注意的外部事件；高速计数器中断可以响应当前值等于预设值、计数方向的改变、计数器外部复位等事件所引起的中断，高速计数器的中断可以实时得到迅速响应，从而实现比 PLC 扫描周期还要短的有关控制任务；脉冲串输出中断可以用来响应给定数量的脉冲输出完成所引起的中断，脉冲串输出主要的应用是步进电机。

③ 时基中断

时间中断包括定时中断和定时器 T32/T96 中断。定时中断可用来支持一个周期性的活动。周期时间以 1ms 为单位，周期设定时间 1～255ms。对于定时中断 0，把周期时间值写入 SMB34；对于定时中断 1，把周期时间值写入 SMB35。

当达到定时时间值，定时器溢出，执行中断处理程序，通常用定时中断以固定的时间间隔去控制模拟量输入的采样或者执行一个 PID 回路。

定时器中断，是利用定时器对一个指定的时间段产生中段，这类中断只能使用 1ms 定时器 T32 和 T96，当 T32 或 T96 的当前值等于预置值时，CPU 响应定时器中断，执行中断服务程序。

（2）中断优先级。

在 PLC 应用系统中通常有多个中断事件，当多个中断事件同时向 CPU 申请中断时，要求 CPU 能够将全部中断事件按中断性质和处理的轻重缓急进行排队，并给予优先权。

S7-200 CPU 规定的中断优先级由高到低依次是：通信中断；输入/输出中断；时基中断。

每类中断的不同中断事件又有不同的优先级。

CPU 响应中断的原则是：

① 当不同优先级的中断源同时申请中断时，先响应优先级高的中断事件。

② 在相同优先级的中断事件中，CPU 按先来先服务的原则处理中断。

③ 当 CPU 正在处理某中断，它要一直执行到结束，不会被别的中断程序，甚至是更高优先级的中断程序所打断，新出现的中断事件需要排队，等待处理。CPU 任何时刻只执行一个中断程序。

各个中断事件及优先级如表 5-9-2 所示。

表 5-9-2 中断事件及优先级

优先级分组	组内优先级	中断事件号	中断事件描述	中断事件类别
通信中断	0	8	通信口 0：接收字符	通信口 0
	0	9	通信口 0：发送完成	
	0	23	通信口 0：接收信息完成	
	1	24	通信口 1：接收信息完成	通信口 1
	1	25	通信口 1：接收字符	
	1	26	通信口 1：发送完成	
I/O 中断	0	19	PTO 0 脉冲串输出完成中断	脉冲输出
	1	20	PTO 1 脉冲串输出完成中断	
	2	0	I0.0 上升沿中断	外部输入
	3	2	I0.1 上升沿中断	
	4	4	I0.2 上升沿中断	
	5	6	I0.3 上升沿中断	
	6	1	I0.0 下降沿中断	
	7	3	I0.1 下降沿中断	
	8	5	I0.2 下降沿中断	
	9	7	I0.3 下降沿中断	
	10	12	HSC0 当前值=预置值中断	高速计数器
	11	27	HSC0 计数方向改变中断	
	12	28	HSC0 外部复位中断	
	13	13	HSC1 当前值=预置值中断	
	14	14	HSC1 计数方向改变中断	
	15	15	HSC1 外部复位中断	
	16	16	HSC2 当前值=预置值中断	
	17	17	HSC2 计数方向改变中断	
	18	18	HSC2 外部复位中断	
	19	32	HSC3 当前值=预置值中断	
	20	29	HSC4 当前值=预置值中断	

优先级分组	组内优先级	中断事件号	中断事件描述	中断事件类别
I/O 中断	21	30	HSC4 计数方向改变	
	22	31	HSC4 外部复位	
	23	33	HSC5 当前值=预置值中断	
时基中断	0	10	定时中断 0	定时
	1	11	定时中断 1	
	2	21	定时器 T32 CT=PT 中断	定时器
	3	22	定时器 T96 CT=PT 中断	

（3）中断指令。

中断指令格式和功能如表 5-9-3 所示。

表 5-9-3　中断指令

梯形图	语句表	功能
—(ENI)	ENI	中断允许指令：全局性地允许所有被连接的中断事件
—(DISI)	DISI	禁止中断指令：全局性地禁止处理所有的中断事件
ATCH EN　ENO INT EVNT	ATCH　INT,EVNT	中断连接指令：用来建立中断事件（EVNT）与中断程序（INT）之间的联系
DTCH EN　ENO EVNT	DTCH　EVNT	中断分离指令：用来断开中断事件（EVNT）与中断程序（INT）之间的联系
—(RETI)	CRETI	中断有条件返回：根据逻辑操作的条件，从中断程序有条件返回

说明：

① 多个中断事件可以调用同一个中断程序，但一个中断事件不能调用多个中断程序；

② 中断服务程序执行完毕后，会自动返回。RETI 指令用来在中断程序中间，根据逻辑运算结果决定是否返回。

3. 任务解决方案

可以使用定时中断完成每 10ms 采样一次，通过查表 5-9-2 可知，定时中断 0 的中断事件号为 10。在主程序中将采样周期（10ms）即定时中断的时间间隔写入定时中断 0 的特殊存储器 SMB34，中断事件 10 和 INT0 相连。在中断程序中，将模拟量输入信号读入。主程序如图 5-9-6 所示，中断程序如图 5-9-7 所示。

任务训练

在 I0.0 的上升沿通过中断使 Q0.0 立即复位。在 I0.1 的下降沿通过中断使 Q0.0 立即复位。

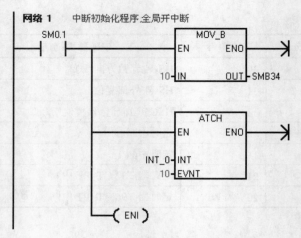

图 5-9-6　定时采样主程序

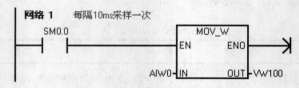

图 5-9-7　定时采样中断程序 0（INT_0）

知识测评

（1）S7-200 CPU 中断优先级别最高的是（　　）。

（2）S7-200 系列 PLC 的中断事件包括三大类，它们分别是（　　）、（　　）和（　　）。

（3）定时器中断由 1ms 延时定时器（　　）和（　　）产生。

　　A．T32，T96　　　　B．T33，T96　　　　C．T32，T97　　　　D．T33，T97

（4）中断允许指令的操作码是（　　）。

　　A．DISI　　　　　　B．ENI　　　　　　C．ATCH　　　　　　D．DTCH

（5）中断连接指令的操作码是（　　）。

　　A．DISI　　　　　　B．ENI　　　　　　C．ATCH　　　　　　D．DTCH

项目评估

表 5-9-4　项目评估表

项目名称：组合机床动力滑台控制系统的设计与调试				组别：		
项目	配分	考核要求	扣分标准		扣分记录	得分
电路设计	40 分	列出 PLC 输入/输出元件的地址分配表，设计梯形图及 PLC 输入/输出接线图，根据梯形图，列出指令表	（1）输入/输出地址遗漏或写错，每处扣 2 分； （2）梯形图表达不正确或画法不规范，每处扣 3 分； （3）接线图表达不正确或画法不规范，每处扣 3 分； （4）指令有错误，每条扣 2 分			

项目名称：组合机床动力滑台控制系统的设计与调试				组别：	
项目	配分	考核要求	扣分标准	扣分记录	得分
安装与接线	30 分	按照 PLC 输入/输出接线图在模拟配线板上正确安装元件，元件在配线板上布置要合理，安装要准确紧固。配线美观，下入线槽中且有端子标号，引出端要有别径压端子	（1）元件布置不整齐、不均匀、不合理，每处扣 1 分； （2）元件安装不牢固、安装元件时漏装螺钉，每处扣 1 分； （3）损坏元件，扣 5 分； （4）电动机运行正常，如不按电路图接线，扣 1 分； （5）布线不入线槽、不美观，主电路、控制电路每根扣 0.5 分； （6）接点松动、露铜过长、反圈、压绝缘层，标记线号不清楚、遗漏或误标，引出端子无别径压端子，每处扣 0.5 分； （7）损伤导线绝缘或线芯，每根扣 0.5 分； （8）不按 PLC 控制 I/O 接线图接线，每处扣 2 分		
程序输入与调试	20 分	熟练操作键盘，能正确地将所编写的程序下载到 PLC 中；按照被控设备的动作要求进行模拟调试，达到设计要求	（1）不熟练录入指令，扣 2 分； （2）不会用删除、插入、修改等命令，每项扣 2 分； （3）1 次试车不成功扣 4 分，2 次试车不成功扣 8 分，3 次试车不成功扣 10 分		
安全、文明工作	10 分	（1）安全用电，无人为损坏仪器、元件和设备； （2）保持环境整洁，秩序井然，操作习惯良好； （3）小组成员协作和谐，态度正确； （4）不迟到、早退、旷课	（1）发生安全事故，扣 10 分； （2）人为损坏设备、元器件，扣 10 分； （3）现场不整洁、工作不文明、团队不协作，扣 5 分； （4）不遵守考勤制度，每次扣 2～5 分		
总分					

项目十　机床步进电机定位控制系统设计

项目目标

通过本项目的学习，学生应掌握以下职业能力：

- 通过国家标准、网络、现场及其他渠道收集信息；
- 在团队协作中正确分析、解决 PLC 控制系统设计、编程、调试等实际问题；

- 进一步了解 PLC 应用设计的步骤；
- 了解高速计数器的计数方式、工作模式、控制字节、初始值和预置寄存器以及状态字节等含义，掌握高速计数器指令的格式和功能，学会使用高速计数器；
- 了解 PWM 和 PTO 的含义，了解 PTO/PWM 寄存器各位的含义；
- 掌握高速脉冲输出指令的格式和功能，能够使用 PTO/PWM 发生器产生需要的控制脉冲；
- 企业需要的基本职业道德和素质；
- 主动学习的能力、心态和行动。

项目要求

在数控机床中使用步进电机驱动工作台实现定位控制，脉冲当量为 0.1mm/步，移动到位需要 4000 个脉冲，移动过程如图 5-10-1 所示，从 A 到 B 为加速过程，从 B 到 C 为恒速运行，从 C 到 D 为减速过程。要求 PLC 输出高速脉冲驱动，进行初始化编程。

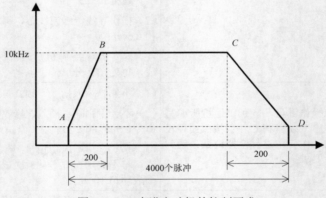

图 5-10-1　步进电动机的控制要求

项目分析

步进电机作为执行元件，是机电一体化的关键产品之一，广泛应用在各种自动化设备中，PLC 控制系统设计中，高速脉冲指令常用来驱动步进电机，以实现精确定位。

步进电机是将电脉冲信号转变为角位移或线位移的开环控制元件。在非超载的情况下，电机的转速、停止的位置只取决于脉冲信号的频率和脉冲数，而不受负载变化的影响，即给电机加一个脉冲信号，电机则转过一个步距角。一个脉冲产生的进给量称脉冲当量。

相关知识

高速脉冲指令

S7-200 有脉冲串输出信号 PTO（Pulse Train Output）、脉宽调制信号 PWM（Pulse Width Modulation）两台高速脉冲发生器，一个发生器分配给输出端 Q0.0，另一个分配给 Q0.1。输出频率可达 20kHz，新型的 CPU 224 XP 的高速脉冲输出速率可以达到 100kHz，用来驱动步进电机等负载，实现速度和位置的开环运动控制。当 Q0.0 或 Q0.1 设定为 PTO 或 PWM 功能时，其他操作均失效。不使用 PTO/PWM 发生器时，Q0.0 或 Q0.1 作为普通输出端子使用。通常在启动 PTO 或 PWM 操作之前，用复位 R 指令将 Q0.0 或 Q0.1 清 0。

注：只有晶体管输出类型的 CPU 能够支持调整脉冲输出功能。

1. 脉宽调制输出（PWM）

PWM 功能可输出周期一定、占空比可调的高速脉冲串，其时间基准可以是 μs 或 ms，周期的变化范围为 10～65535μs 或 2～65535ms，脉宽的变化范围为 0～65535μs 或 0～65535ms。

当指定的脉冲宽度大于周期值时，占空比为 100%，输出连续接通；当脉冲宽度为 0 时，占空比为 0%，输出断开。如果指定的周期小于两个时间单位，周期被默认为两个时间单位。可以用以下两种办法改变 PWM 波形的特性。

（1）同步更新。

如果不要求改变时间基准，即可以进行同步更新。同步更新时，波形的变化发生在两个周期的交界处，可以实现平滑过渡。

（2）异步更新。

如果需要改变时间基准，则应使用异步更新。异步更新瞬时关闭 PTO/PWM 发生器，与 PWM 的输出波形不同步，可能引起被控设备的抖动。为此通常不使用异步更新，而是选择一个适用于所有周期时间的时间基准，使用同步 PWM 更新。

PWM 输出的更新方式由控制字节中的 SM67.4 或 SM77.4 位来指定，执行 PLS 指令使改变生效。如果改变了时间基准，不管 PWM 更新方式位的状态如何，都会产生一个异步更新。

2. 脉冲串输出（PTO）

PTO 功能可输出一定脉冲个数和占空比为 50%的方波脉冲。输出脉冲的个数在 1～4294967295 范围内可调；输出脉冲的周期以 μs 或 ms 为增量单位，变化范围分别是 10～65535μs 或 2～65535ms。

如果周期小于两个时间单位，周期被默认为两个时间单位。如果指定的脉冲数为 0，则脉冲数默认为 1。

PTO 功能允许多个脉冲串排队输出，从而形成流水线。流水线分为两种：单段流水线和多段流水线。

单段流水线是指流水线中每次只能存储一个脉冲串的控制参数，初始 PTO 段一旦启动，必须按照对第二个波形的要求立即刷新特殊存储器，并再次执行 PLS 指令，在第一个脉冲串完成后，第二个脉冲串输出立即开始，重复这一步骤可以实现多个脉冲串的输出。单段流水线中的各段脉冲串可以采用不同的时间基准，但有可能造成脉冲串之间的不平稳过渡。

本项目要求即是 3 段流水线。多段流水线是指在变量存储区 V 建立一个包络表（包络表 Profile 是一个预先定义的横坐标为位置、纵坐标为速度的曲线，是运动的图形描述）。包络表存放每个脉冲串的参数，执行 PLS 指令时，S7-200 PLC 自动按包络表中的顺序及参数进行脉冲串输出。包络表中每段脉冲串的参数占 8 个字节，由一个 16 位周期值（2 字节）、一个 16 位周期增量值 Δ（2 字节）和一个 32 位脉冲计数值（4 字节）组成。包络表的格式如表 5-10-1 所示。

注意：周期增量值 Δ 为整数微秒或毫秒。

多段流水线的特点是编程简单，能够通过指定脉冲的数量自动增加或减少周期，周期增量值 Δ 为正值会增加周期，周期增量值 Δ 为负值会减少周期，若 Δ 为零，则周期不变。在包络表中的所有脉冲串必须采用同一时基，在多段流水线执行时，包络表的各段参数不能改变。

多段流水线常用于步进电机的控制。

表 5-10-1　包络表的格式

从包络表起始地址的字节偏移	段号	说明
VB$_n$		总段数（1～255）；数值 0 产生非致命错误，无 PTO 输出
VB$_{n+1}$	段 1	初始周期（2～65535 个时基单位）
VB$_{n+3}$		每个脉冲的周期增量 Δ（符号整数：-32768～32767 个时基单位）
VB$_{n+5}$		脉冲数（1～4294967295）
VB$_{n+9}$	段 2	初始周期（2～65535 个时基单位）
VB$_{n+11}$		每个脉冲的周期增量 Δ（符号整数：-32768～32767 个时基单位）
VB$_{n+13}$		脉冲数（1～4294967295）
VB$_{n+17}$	段 3	初始周期（2～65535 个时基单位）
VB$_{n+19}$		每个脉冲的周期增量值 Δ（符号整数：-32768～32767 个时基单位）
VB$_{n+21}$		脉冲数（1～4294967295）

　　使用 STEP 7-Micro/WIN4.0 中的位控向导可以方便地设置 PTO/PWM 输出功能，使 PTO/PWM 的编程自动实现，大大减轻了用户编程负担。本项目中采用编程方式设置 PTO 输出功能，请大家通过上网、图书馆查阅等方式自学如何用向导方法设置 PTO。

　　3．PTO/PWM 寄存器

　　Q0.0 和 Q0.1 输出端子的高速输出功能通过对 PTO/PWM 寄存器的不同设置来实现。PTO/PWM 寄存器由 SM66～SM85 特殊存储器组成，它们的作用是监视和控制脉冲输出（PTO）和脉宽调制（PWM）功能。各寄存器的字节值和位值的意义如表 5-10-2 所示。

表 5-10-2　PTO/PWM 寄存器各字节值和位值的意义

寄存器名	Q0.0	Q0.1	说明		
脉冲串输出状态寄存器	SM66.4	SM76.4	PTO 包络由于增量计算错误异常终止	0：无错；	1：异常终止
	SM66.5	SM76.5	PTO 包络由于用户命令异常终止	0：无错；	1：异常终止
	SM66.6	SM76.6	PTO 流水线溢出	0：无溢出；	1：溢出
	SM66.7	SM76.7	PTO 空闲	0：运行中；	1：PTO 空闲
PTO/PWM 输出控制寄存器	SM67.0	SM77.0	PTO/PWM 刷新周期值	0：不刷新；	1：刷新
	SM67.1	SM77.1	PWM 刷新脉冲宽度值	0：不刷新；	1：刷新
	SM67.2	SM77.2	PTO 刷新脉冲计数值	0：不刷新；	1：刷新
	SM67.3	SM77.3	PTO/PWM 时基选择	0：1μs；	1：1ms
	SM67.4	SM77.4	PWM 更新方法	0：异步更新；	1：同步更新
	SM67.5	SM77.5	PTO 操作	0：单段操作；	1：多段操作
	SM67.6	SM77.6	PTO/PWM 模式选择	0：选择 PTO；	1：选择 PWM
	SM67.7	SM77.7	PTO/PWM 允许	0：禁止；	1：允许

续表

寄存器名	Q0.0	Q0.1	说明
周期值设定寄存器	SMW68	SMW78	PTO/PWM 周期时间值（范围：2～65535）
脉宽值设定寄存器	SMW70	SMW80	PWM 脉冲宽度值（范围：0～65535）
脉冲计数值设定寄存器	SMD72	SMD82	PTO 脉冲计数值（范围：1～4294967295）
多段 PTO 操作寄存器	SMB166	SMB176	段号（仅用于多段 PTO 操作），多段流水线 PTO 运行中的段编号
	SMW168	SMW178	包络表起始位置，用距离 V0 的字节偏移量表示（仅用于多段 PTO 操作）

4. 高速脉冲输出指令

高速脉冲输出指令格式及功能如表 5-10-3 所示。

表 5-10-3　高速脉冲输出指令

梯形图	语句表	功能
PLS ―EN　ENO― ―Q0.X	PLS　X	脉冲输出指令：当使能输入有效时，PLC 检测程序设置的特殊功能寄存器位，激活由控制位定义的脉冲操作，从 Q0.X 输出高速脉冲

说明：

① 高速脉冲串输出 PTO 和脉宽调制输出 PWM 都由 PLS 指令来激活；

② 操作数 X 指定脉冲输出端子，0 为 Q0.0 输出，1 为 Q0.1 输出；

③ 高速脉冲串输出 PTO 可采用中断方式进行控制，而脉宽调制输出 PWM 只能由指令 PLS 来激活。

项目实施

步骤一　计算包络表的值

在步进电机控制中，主要是应用 PTO/PWM 发生器的多段管线功能。本项目中用带有脉冲包络的 PTO 来控制一台步进电机，来实现一个简单的加速、匀速和减速过程。图 5-10-1 中的示例给出的包络表值要求产生一个输出波形，包括三段：步进电机加速（第一段 AB），步进电机匀速（第二段 BC）和步进电机减速（第三段 CD）。

包络表值计算的任务是提供包络的总段数和每一段初始周期、周期增量和脉冲数。对该项目，需要 4000 个脉冲才能达到要求的电机转动数，启动和结束频率是 2kHz，最大脉冲频率是 10kHz。由于包络表中的值是用周期表示的，而不是用频率，需要把给定的频率值转换成周期值。所以，启动和结束的脉冲周期为 500μs，最高频率的对应周期为 100μs。在输出包络的加速部分，要求在 200 个脉冲左右达到最大脉冲频率。也假定包络的减速部分，在 400 个脉冲完成。所谓周期增量，就是该段的加速度，即单位脉冲间隔的周期变化量。

计算公式为：

给定段的周期增量=（该段结束时的周期时间－该段初始的周期时间）/该段的脉冲数

则 AB 段的周期增量值为-2μs，即步进电机从 500μs 开始启动，每一个脉冲其周期递减 2μs，共运行 200 个脉冲；BC 段的周期增量值为 0；CD 段的周期增量值为-2μs，共运行 200 个脉冲。

步骤二　分配包络表存储区

假定包络表存放在从 VB200 开始的 V 存储器区，表 5-10-4 给出了产生所要求波形的值。该表的值可以在用户程序中用指令放在 V 存储器中，也可以在数据块中定义包络表的值。

表 5-10-4　包络表

V 变量存储器地址	参数值	说明	段号
VB200	3	总段数	
VB201	500	初始周期	段 1
VB203	-2	周期增量	
VB205	200	脉冲数	
VB209	100	初始周期	段 2
VB211	0	周期增量	
VB213	3600	脉冲数	
VB217	100	初始周期	段 3
VB219	2	周期增量	
VB221	200	脉冲数	

步骤三　程序设计

在主程序中通过初始化脉冲 SM0.1 调用子程序来设置 PTO，其梯形图如图 5-10-2 所示。

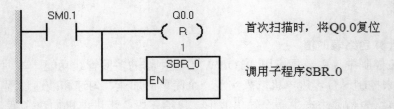

图 5-10-2　步进电动机控制主程序

在初始化子程序中，设置 PTO 控制字节 SMB67 为 16#A0（允许 PTO 功能，选择 PTO 操作，选择多段操作以及选择时基为微秒，不允许更新周期和脉冲数）；建立 3 包络表，并将包络表的首地址装入 SMW168；设置中断连接，使 PTO 完成中断事件 19 与中断子程序 0 连接，全局开中断；执行 PTO 脉冲输出。对应的梯形图如图 5-10-3 所示。

在中断子程序中，通过 Q1.0 发出脉冲输出结束信号。对应的梯形图如图 5-10-4 所示。

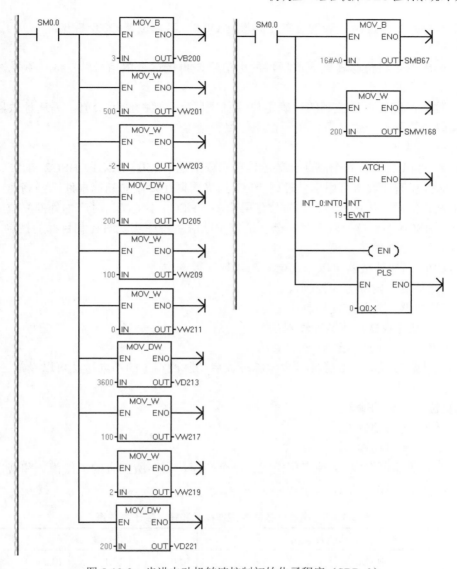

图 5-10-3 步进电动机转速控制初始化子程序（SBR_0）

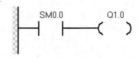

图 5-10-4 步进电动机转速停止中断子程序（INT_0）

项目拓展

任务 PLC 高速计数功能

1. 任务提出

某单向旋转机械上连接了一个 A/B 两相正交脉冲增量旋转编码器，计数脉冲的个数代表了旋转轴的位置。编码器旋转一圈产生 10 个 A/B 相脉冲和 1 个复位脉冲（C 相或 Z 相），需要在第 5 个和第 8 个脉冲所代表的位置之间接通 Q0.0，其余位置 Q0.0 断开。

2．任务分析

增量式编码器是将位移转换成周期性的电信号，再把这个电信号转变成计数脉冲，用脉冲的个数表示位移的大小。

高速计数器在现代自动控制的精确定位控制领域有重要的应用价值。高速计数器可连接增量旋转编码器等脉冲产生装置，用于检测位置和速度。

3．任务相关知识

S7-200 系列 PLC 中有 6 个高速计数器，它们分别是 HSC0、HSC1、HSC2、HSC3、HSC4 和 HSC5。这些高速计数器可用于处理比 PLC 扫描周期还要短的高速事件。当高速计数器的当前值等于预置值时产生中断；外部复位信号有效（HSC0 不支持）时产生外部复位中断；计数方向改变（HSC0 不支持）时产生中断。通过中断服务程序实现对控制目标的控制。

（1）高速计数器的工作模式。

S7-200 CPU 高速计数器可以分别定义为 4 种计数方式：

① 单相计数器，内部方向控制；

② 单相计数器，外部方向控制；

③ 双相增/减计数器，双脉冲输入；

④ A/B 相正交脉冲输入计数器。

每种高速计数方式的计数脉冲、复位脉冲、启动脉冲端子的不同接法可以设定 3 种工作模式：

① 无复位，无启动输入；

② 有复位，无启动输入；

③ 有复位，有启动输入。

所以高速计数器可组成 12 种工作模式。每个高速计数器所拥有的工作模式和其占有的输入端子有关，如表 5-10-5 所示。

表 5-10-5　高速计数器的工作模式和输入端子的关系

高速计数器 HSC 的工作模式	功能及说明		占用的输入端子及其功能			
	高速计数器编号	HSC0	I0.0	I0.1	I0.2	×
		HSC4	I0.3	I0.4	I0.5	×
		HSC1	I0.6	I0.7	I1.0	I1.1
		HSC2	I1.2	I1.3	I1.4	I1.5
		HSC3	I0.1	×	×	×
		HSC5	I0.4	×	×	×
0	单路脉冲输入的内部方向控制加/减计数 控制字 SM37.3=0，减计数； SM37.3=1，加计数		脉冲 输入端	×	×	×
1				×	复位端	×
2				×	复位端	启动
3	单路脉冲输入的外部方向控制加/减计数 方向控制端=0，减计数； 方向控制端=1，加计数		脉冲 输入端	方向 控制端	×	×
4					复位端	×
5					复位端	启动

6	两路脉冲输入的单相加/减计数	加计数脉冲输入端	减计数脉冲输入端	×	×
7	加计数有脉冲输入，加计数；			复位端	×
8	减计数有脉冲输入，减计数			复位端	启动
9	两路脉冲输入的双相正交计数	A 相脉冲输入端	B 相脉冲输入端	×	×
10	A 相脉冲超前 B 相脉冲，加计数；			复位端	×
11	A 相脉冲滞后 B 相脉冲，减计数			复位端	启动

说明：表中"×"表示没有。

由表 5-10-5 可知，高速计数器的工作模式确定以后，高速计数器所使用的输入端子便被指定。这些输入端子与普通数字量输入接口使用相同的地址。已定义用于高速计数器的输入点不应再用于其他的功能。如选择 HSC1 在模式 11 下工作，则必须用 I0.6 作为 A 相脉冲输入端，I0.7 作为 B 相脉冲输入端，I1.0 作为复位端，I1.1 作为启动端。

高速计数器的工作模式通过一次性地执行 HDEF（高速计数器定义）指令来选择。

（2）高速计数器指令。

高速计数器指令格式及功能如表 5-10-6 所示。

表 5-10-6　高速计数器指令

梯形图	语句表	功能
HDEF EN　ENO HSC MODE	HDEF HSC,MODE	定义高速计数器指令：当使能输入有效时，为高速计数器分配一种工作模式
HSC EN　ENO N	HSC　N	高速计数器指令：当使能输入有效时，根据高速计数器特殊存储器位的状态及 HDEF 指令指定的工作模式，设置高速计数器并控制其工作

说明：操作数 HSC 指定高速计数器号（0～5），MODE 指定高速计数器的工作模式（0～11）。每个高速计数器只能用一条 HDEF 指令。

（3）高速计数器的控制字节。

每个高速计数器在 S7-200 CPU 的特殊存储器中拥有各自的控制字节。控制字节用来定义计数器的计数方式和其他一些设置，以及在用户程序中对计数器的运行进行控制。

各高速计数器的控制字节的各个位的 0/1 状态具有不同的设置功能，其含义如表 5-10-7 所示。

表 5-10-7　高速计数器的控制字节含义

HSC0	HSC1	HSC2	HSC3	HSC4	HSC5	含义
SM37.0	SM47.0	SM57.0	SM137.0	SM147.0	SM157.0	复位信号有效电平： 0=高电平有效；1=低电平有效
SM37.1	SM47.1	SM57.1	SM137.1	SM147.1	SM157.1	启动信号有效电平： 0=高电平有效；1=低电平有效

HSC0	HSC1	HSC2	HSC3	HSC4	HSC5	含义
SM37.2	SM47.2	SM57.2	SM1372	SM147.2	SM157.2	正交计数器的倍率选择： 0=4 倍率；1=1 倍率
SM37.3	SM47.3	SM57.3	SM137.3	SM147.3	SM157.3	计数方向控制位： 0=减计数；1=加计数
SM37.4	SM47.4	SM57.4	SM137.4	SM147.4	SM157.4	向 HSC 写入计数方向： 0=不更新；1=更新
SM37.5	SM47.5	SM57.5	SM137.5	SM147.5	SM157.5	向 HSC 写入新的预置值： 0=不更新；1=更新
SM37.6	SM47.6	SM57.6	SM137.6	SM147.6	SM157.6	向 HSC 写入新的初始值： 0=不更新；1=更新
SM37.7	SM47.7	SM57.7	SM137.7	SM147.7	SM157.7	启用 HSC： 0=关 HSC；1=开 HSC

（4）高速计数器的数值寻址。

每个高速计数器都有一个 32 位初始值和一个 32 位预置值寄存器，初始值和预置值均为有符号整数。当前值也是一个 32 位的有符号整数，高速计数器的当前值可以通过高速计数器标识符 HC 加计数器号码（0~5）寻址来读取。

初始值是高速计数器计数的起始值，预置值是高速计数器的目标值，当实际计数值等于预置值时，会产生中断事件。

要改变高速计数器的初始值和预置值，必须使控制字节（见表 5-10-7）的第 5 位和第 6 位为 1，在允许更新预置值和初始值的前提下，新初始值和新预置值才能写入初始值及预置值寄存器。初始值和预置值占用的特殊内部寄存器如表 5-10-8 所示。

表 5-10-8　高速计数器初始值和预置值寄存器

计数器号	HSC0	HSC1	HSC2	HSC3	HSC4	HSC5
初始值寄存器	SMD38	SMD48	SMD58	SMD138	SMD148	SMD158
预置值寄存器	SMD42	SMD52	SMD62	SMD142	SMD152	SMD162
当前值	HC0	HC1	HC2	HC3	HC4	HC5

（5）高速计数器的状态字节。

每个高速计数器都有一个状态字节，存储当前的计数方向，判断当前值是否等于预置值、当前值是否大于预置值。PLC 通过监控高速计数器状态字节，可产生中断事件，以便完成用户希望的重要操作。状态字节只在中断程序中有效。各高速计数器的状态字节描述如表 5-10-9 所示。

（6）高速计数器编程。

使用高速计数器，须完成以下的步骤：

① 根据选定的计数器工作模式，设置相应的控制字节；

② 使用 HDEF 命令定义计数器号；

表 5-10-9　高速计数器的状态字节

HSC0	HSC1	HSC2	HSC3	HSC4	HSC5	含义
SM36.0	SM46.0	SM56.0	SM136.0	SM146.0	SM156.0	未用
SM36.1	SM46.1	SM56.1	SM136.1	SM146.1	SM156.1	
SM36.2	SM46.2	SM56.2	SM136.2	SM146.2	SM156.2	
SM36.3	SM46.3	SM56.3	SM136.3	SM146.3	SM156.3	
SM36.4	SM46.4	SM56.4	SM136.4	SM146.4	SM156.4	
SM36.5	SM46.5	SM56.5	SM136.5	SM146.5	SM156.5	当前计数方向状态位： 0=减计数；1=加计数
SM36.6	SM46.6	SM56.6	SM136.6	SM146.6	SM156.6	当前值等于预置值状态位：0=不等； 1=相等
SM36.7	SM46.7	SM56.7	SM136.7	SM146.7	SM156.7	当前值大于预置值状态位：0=小于 或等于；1=大于

③ 设置计数方向（可选）；

④ 设置初始值（可选）；

⑤ 设置预置值（可选）；

⑥ 指定并使能中断服务程序（可选）；

⑦ 执行 HSC 指令，激活高速计数器。

若在计数器运行中改变其设置，须执行下列步骤：

① 根据需要来设置控制字节；

② 设置计数方向（可选）；

③ 设置初始值（可选）；

④ 设置预置值（可选）；

⑤ 执行 HSC 指令，使 CPU 确认。

4. 任务实施方案

利用 HSC0 的当前值（CV）=预置值（PV）中断，可以比较容易地实现要求的功能。A 相接入 I0.0，B 相接入 I0.1，复位脉冲（C 相或 Z 相）接入 I0.2，查表确定 HSC0 的控制字节 SM37 应为 2#10100100=16#A4。

主程序：第一个扫描周期，一次性调用 HSC0 初始化子程序 SBR_0，如图 5-10-5 所示。

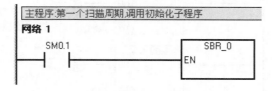

图 5-10-5　高速计数主程序

子程序：初始化 HSC0 为模式 10，设预置值为 5，并连接中断事件 12（CV=PV）到 INT_0，如图 5-10-6 所示。

中断程序：根据计数值置位 Q0.0，并重设预置值，如图 5-10-7 所示。

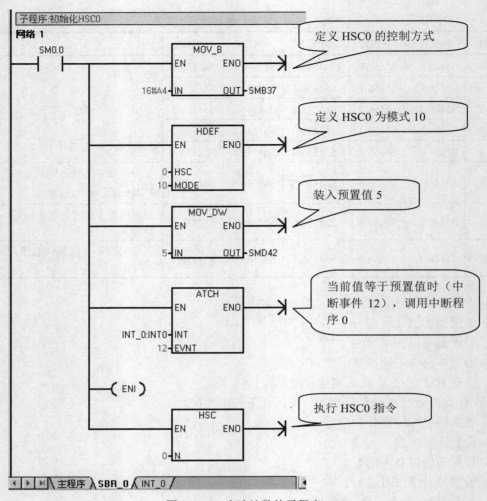

图 5-10-6 高速计数的子程序

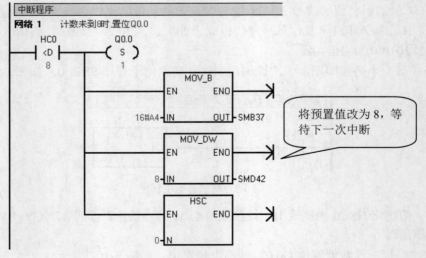

图 5-10-7 高速计数中断子程序

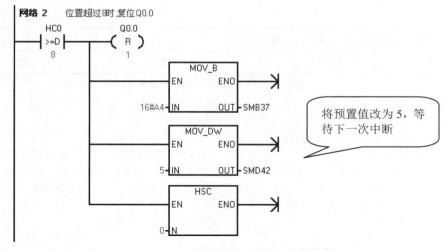

图 5-10-7 高速计数中断子程序（续图）

知识测评

（1）高速计数器 HSC1 有（ ）种工作方式。

    A．8 种   B．1 种   C．12 种   D．9 种

（2）高速计数器 HSC0 有（ ）种工作方式。

    A．8 种   B．1 种   C．12 种   D．9 种

（3）在高速计数器工作模式，作为一个具有内部方向控制的单相增/减计数器的是（ ）一类工作模式。

    A．工作模式 0、1、2   B．工作模式 3、4、5

    C．工作模式 6、7、8   D．工作模式 9、10、11

（4）Q0.0 作为脉冲串输出端子时，它的状态寄存器（ ）。

    A．SMB66   B．SMB67   C．SMB76   D．SMB77

（5）脉冲输出指令的操作码为（ ）。

    A．PLUS   B．PLS   C．ATCH   D．DTCH

项目评估

表 5-10-10 项目评估表

项目名称：机床步进电机定位控制系统设计				组别：		
项目	配分	考核要求	扣分标准		扣分记录	得分
课堂学习	30 分	（1）学习态度与能力 （2）拓展学习的表现与应用				
编程操作	30 分	（1）会采用时序波形图法设计程序 （2）正确输入梯形图 （3）正确保存文件 （4）会转换梯形图 （5）会传送程序	（1）不能设计出程序或设计错误，扣 10 分； （2）输入梯形图错误，每处扣 2 分； （3）保存文件错误，扣 4 分； （4）转换梯形图错误，扣 4 分； （5）传送程序错误，扣 4 分			

续表

项目名称：机床步进电机定位控制系统设计				组别：	
项目	配分	考核要求	扣分标准	扣分记录	得分
运行操作	30 分	（1）运行系统，分析操作结果； （2）正确监控梯形图	（1）系统通电操作错误，每步扣 3 分； （2）分析操作结果错误，每处扣 2 分； （3）监控梯形图错误，扣 4 分		
安全、文明工作	10 分	（1）安全用电，无人为损坏仪器、元件和设备； （2）保持环境整洁，秩序井然，操作习惯良好； （3）小组成员协作和谐，态度正确； （4）不迟到、早退、旷课	（1）发生安全事故，扣 10 分； （2）人为损坏设备、元器件，扣 10 分； （3）现场不整洁、工作不文明、团队不协作，扣 5 分； （4）不遵守考勤制度，每次扣 2～5 分		
总分					

思考与练习

1．定时中断的定时时间最长为 255ms，用定时中断 0 实现周期为 2s 的高精度定时。

2．使用定时中断实现对 100ms 定时周期进行计数。

3．编写程序完成数据采集任务，要求每 100ms 采集 1 个数。

4．编写一个输入/输出中断程序，要求实现：

（1）从 0 到 255 的计数。

（2）当输入端 I0.0 为上升沿时，执行中断程序 0，程序采用加计数。

（3）当输入端 I0.0 为下降沿时，执行中断程序 1，程序采用减计数。

（4）计数脉冲为 SM0.5。

5．大小球分拣装置如题图 5-1 所示。

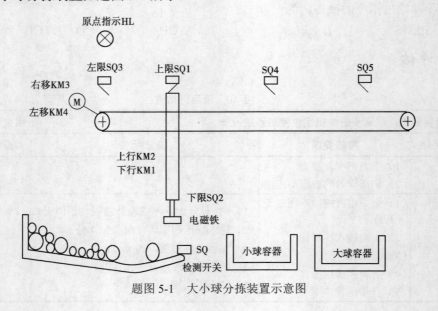

题图 5-1　大小球分拣装置示意图

当机械臂处于原始位置时，即上限位开关 SQ1 和左限位开关 SQ3 压下，抓球电磁铁处于失电状态，这时按下启动按钮后，机械臂下行，当碰到下限位开关 SQ2 后停止下行，且电磁铁得电吸球。

如果吸住的是小球，则大小球检测开关 SQ 为 ON；如果吸住的是大球，则 SQ 为 OFF。1s 后，机械臂上行，碰到上限位开关 SQ1 后右行，它会根据大小球的不同，分别在 SQ4（小球）和 SQ5（大球）处停止右行，然后下行至下限位停止，电磁铁失电，机械臂把球放在小球或大球箱里，1s 后返回。

如果不按停止按钮，则机械臂一直工作下去；如果按下停止按钮，则不管何时按，机械臂最终都要停止在原始位置。

再次按下启动按钮后，系统可以再次从头开始循环工作。

6．编写实现脉宽调制 PWM 的程序。要求从 PLC 的 Q0.1 输出高速脉冲，脉宽的初始值为 0.5s，周期固定为 5s，其脉宽每周期递增 0.5s；当脉宽达到设定的 4.5s 时，脉宽改为每周期递减 0.5s，直到脉宽减为 0，以上过程重复执行。

7．编写高速计数器程序，要求：

（1）首次扫描时调用一个子程序，完成初始化操作。

（2）用高速计数器 HSC1 实现加计数，当计数值=200 时，将当前值清 0。

模块六　西门子 S7-200 PLC 拓展应用

项目十一　PLC 恒压供水控制系统设计与调试

项目目标

通过本项目的学习，学生应掌握以下职业能力：

- 学会使用模拟量输入，输出模块（A/D、D/A）；
- 学会模拟量输入/输出模块与标准压力传感器的连接；
- 学会标准压力信号的量纲转换程序；
- 掌握使用 PID 运算控制指令及模拟量输出控制；
- 掌握变频器的参数设置及输出控制；
- 掌握恒压供水电气控制系统的电路设计与调试；
- 掌握 PLC 综合应用设计的方法与步骤。

项目要求

随着社会的进步，降低系统能耗，提高系统自动化程度，是当今智能建筑的发展方向，已经得到了社会的广泛认可。在现代建筑中，为了保障热水锅炉及采暖系统用水、空调循环水用水、卫生热水用水及生活用水，广泛采用各种供水补水系统。实践证明，采用 PLC、变频器、压力传感器、接触器等低压电器元件设计的恒压供水控制系统在智能建筑中的高层供水应用中取得了很好的节能效果。

具体要求：为了保障供暖系统的稳定工作，采用 1 台功率为 5.5kW 的水泵作为供暖系统的补水泵，水泵采用直接启动运行方式；压力检测采用压力传感器（压力范围 0～16bar，DC24V供电，输出信号为 DC0～10V）；当供暖管道压力低于 4bar 时，补水泵启动工作，当管道压力大于等于 6bar 时，补水泵停止运行。

请合理选择 PLC 基本模块、A/D 转换模块及继电器等电器元件设计一个简单定压补水控制系统。

项目分析

本项目任务中，压力信号首先通过压力传感器转换为标准量程的电压或电流信号，例如直流 4～20mA、1～5V、0～10V 等，再经过 PLC 的 A/D 转换模块，将它们转换为数字量供PLC 控制程序使用。有时在一些控制任务中，还需将 PLC 的数字量输出经过 D/A 模块转换为模拟电压或电流信号输出，驱动变频器工作。模拟量输入/输出模块的主要任务就是实现 A/D 转换和 D/A 转换。S7-200 PLC 的模拟量扩展模块共有 9 种规格可供选择，如表 6-11-1 所示。

表 6-11-1　S7-200 PLC 模拟量扩展模块型号及用途

型号	I/O 规格	功能及用途
EM231	AI4×12 位	4 路模拟量输入，12 位 A/D 转换
	AI8×12 位	8 路模拟量输入，12 位 A/D 转换
	AI4×热电偶	4 路热电偶模拟输入
	AI8×热电偶	8 路热电偶模拟输入
	AI2×RTD	2 路热电阻模拟输入
	AI4×RTD	4 路热电阻模拟输入
EM232	AQ2×12 位	2 路模拟输出
	AQ4×12 位	4 路模拟输出
EM235	AI4/ AQ1×12 位	4 路模拟量输入，1 路模拟输出，12 位转换

项目实施

步骤一　硬件电路设计

根据任务要求，对定压供水系统的电路设计如下：

主电路中电机因为功率较小，采用直接启动控制方式，所以采用 1 只接触器（KM）即可，其他元件如图 6-11-1（a）中主电路部分所示。当合上断路器 QF 后，只要 KM 线圈得电，补水泵电机 M 即可运行工作。

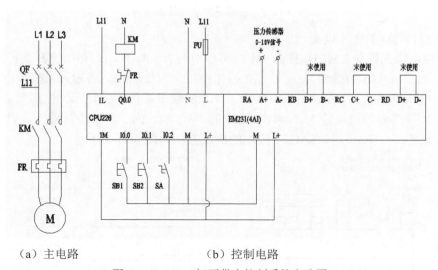

（a）主电路　　　　　（b）控制电路

图 6-11-1　PLC 恒压供水控制系统电路图

PLC 控制电路原理图如图 6-11-1（b）所示。图中模拟量转换模块采用了 EM231（4 模拟量输入）模块，压力传感器输出信号为 0～10V 电压信号，因此需将模拟量模块右下配置开关 SW1～SW3 分别设为 101，按电压信号方式接线，其他没有使用的模拟量输入通道按图 6-11-1（b）所示将相应端子短接。

主电路中所选择器件具有短路保护、过载保护和缺相保护功能。

相关知识

1. 模拟量扩展模块的寻址

通过模拟量输入模块（A/D 模块），S7-200 CPU 可以将外部的模拟量（电流或电压）转换成一个字长（16 位）的数字量，存放于 AIWn 中；通过模拟量输出模块（D/A 模块），S7-200 CPU 把 AQWn 中一个字长（16 位）的数字量按比例转换成电流或电压。模拟量输入值为只读数据，而模拟量输出值是只写数据，用户不能读取模拟量输出值。

　　每个模拟量扩展模块，按扩展模块的先后顺序进行排序，其中，模拟量根据输入、输出不同分别排序。模拟量的数据格式为一个字长，所以地址必须从偶数字节开始。例如：AIW0、AIW2、AIW4……，AQW0、AQW2……。每个模拟量扩展模块至少占两个通道，即使第一个模块只有一个输出 AQW0，第二个模块模拟量输出地址也应从 AQW4 开始寻址，以此类推。

　　图 6-11-2 演示了 CPU 224 后面依次排列一个 4 输入/4 输出数字量模块，一个 8 输入数字量模块，一个 4 模拟输入/1 模拟输出模块，一个 8 输出数字量模块，一个 4 模拟输入/1 模拟输出模块的寻址情况，其中，灰色通道不能使用。

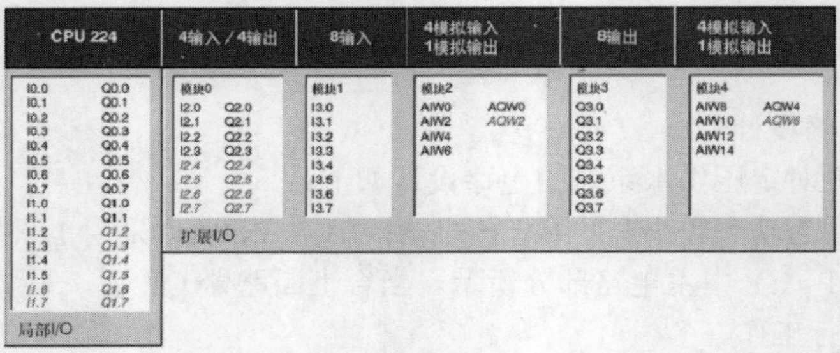

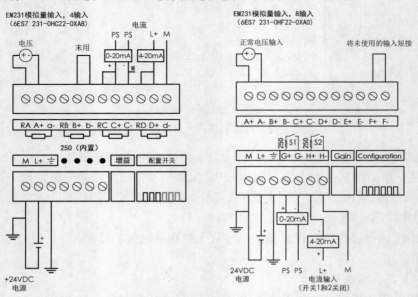

图 6-11-2　模拟量扩展模块的寻址

2. EM231 模拟量输入模块

　　4 路模拟量输入模块 EM231 的输入连接端分别为 A、B、C、D 四组，每组有 3 个连接端，分别为 Rn、n+、n−（n 为组名），可以连接模拟电压与电流输入。当输入为模拟电压时，n+、n−用于连接电压模拟量输入的"+"和"−"端，Rn 端不连接；当输入为模拟电流时，Rn 与 n+并联，连接传感器的电流输入，n−连接电流的"−"端。为了防止干扰输入，对于未使用的输入端，需要将 n+、n−短接。EM231 模块的接线方法如图 6-11-3 所示。

图 6-11-3　EM231 模块接线端子图

　　输入模拟量的种类（电流、电压）及范围可通过模块右下侧的 DIP 设定开关进行选择。需要特别注意的是，对于某一模块，只能将输入端同时设置为一种量程和格式，即相同的输入量程和分辨率。具体操作如表 6-11-2 和表 6-11-3 所示（自左向右依次为 SW1 至 SW6）。

表 6-11-2　4 输入 EM231 选择模拟量输入范围的开关表

	SW1	SW2	SW3	满量程输入	分辨率	数据字格式
单极性	ON	OFF	ON	0～10V	2.5mV	满量程 0 至 32000
		ON	OFF	0～5V	1.25mV	
				0～20mA	5μA	
双极性	OFF	OFF	ON	-5～5V	2.5mV	满量程 -32000 至 +32000
		ON	OFF	-2.5～2.5V	1.25mV	

表 6-11-3　8 输入 EM231 选择模拟量输入范围的开关表

	SW3	SW4	SW5	满量程输入	分辨率	数据字格式
单极性	ON	OFF	ON	0～10V	2.5mV	满量程 0 至 32000
		ON	OFF	0～5V	1.25mV	
				0～20mA	5μA	
双极性	OFF	OFF	ON	-5～5V	2.5mV	满量程 -32000 至 +32000
		ON	OFF	-2.5～2.5V	1.25mV	

SW1：ON：通道 6 选择电流输入模式；OFF：通道 6 选择电压模式

SW2：ON：通道 7 选择电流输入模式；OFF：通道 7 选择电压模式

　　设定模拟量输入类型后，需要进行模块的校准，此操作需通过调整模块中的"增益调整"电位器来实现。校准调节影响所有的输入通道。即使在校准以后，如果模拟量多路转换器之前的输入电路的元件值发生变化，从不同通道读入同一个输入信号，其信号值也会有微小的不同。校准输入的步骤如下：

　　（1）切断模块电源，用 DIP 开关选择需要的输入范围。

　　（2）接通 CPU 和模块电源，使模块稳定 15min。

　　（3）用一个变送器、一个电压源或电流源，将零值信号加到模块的一个输入端。

　　（4）读取该输入通道在 CPU 中的测量值。

　　（5）调节模块上的 OFFSET（偏置）电位器，直到读数为零，或所需要的数字值。

　　（6）将一个满刻度模拟量信号接到某一个输入端子，读出 A/D 转换后的值。

　　（7）调节模块上的 GAIN（增益）电位器，直到读数为 32000，或所需要的数字值。

　　（8）必要时重复上述校准偏置和增益的过程。

　　在读取模拟量时，利用数据传送指令 MOV_W 可以从指定的模拟量输入通道将其读取到内存中。

　　3．EM232 模拟量输出模块

　　模拟量输出模块 EM232 输出连接端有 2 组，每组占用 3 个连接端，分别为 V0/I0/M0 与 V1/I1/M1，可以连接模拟电压与电流输出。当输出为模拟电压时，V0/M0（V1/M1）用于连接电压模拟量输出的"+"与"-"端，输出电压范围为 -10V～10V，I0（I1）端不连接；当输出为模拟电流时，I0/M0（I1/M1）用于连接电流模拟量输出的"+"与"−"端，输出电流范围为 0～20mA，V0（V1）端不连接。EM232 模块的接线方法如图 6-11-4 所示。电压和电流模拟量输出对应的数字量分别为-32000～+32000 和 0～+32000。

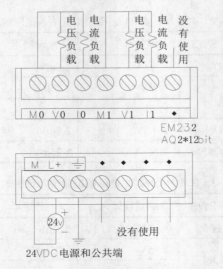

图 6-11-4   EM232 模块接线端子图

4. EM235 模拟量混合模块

EM235 也是常用的模拟量扩展模块，它具有 4 路模拟量输入和 1 路模拟量输出接口。对于电压信号，按正、负极直接接入 n+和 n−，Rn 端不连接；对于电流信号，将 Rn 和 n+短接后接入电流输入信号的"+"端；未连接传感器的通道要将 n+和 n−短接。对于某一模块，只能将输入端同时设置为一种量程和格式，即相同的输入量程和分辨率。EM235 模拟量扩展模块的接线方法如图 6-11-5 所示。

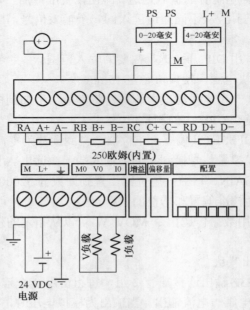

图 6-11-5   EM235 模块接线端子图

　　EM235 输入回路较 EM231 不同之处是它增加了一个偏置电压调整回路，通过调节输出端子右侧的"偏移量"电位器可以偏置误差。其输入特性较 EM231 模块的不同之处主要体现在可供选择的输入信号范围更加细致，DIP 开关 1 到 6 可选择输入模拟量的单/双极性、增益和衰减：SW6 决定模拟量输入的单双极性，当 SW6 为 ON 时，模拟量输入为单极性输入，SW6 为 OFF 时，模拟量输入为双极性输入，SW4 和 SW5 决定输入模拟量的增益选择，而 SW1、SW2、SW3 共同决定了模拟量的衰减选择，具体操作如表 6-11-4 所示。

表 6-11-4　EM235 选择模拟量输入范围的开关表

单级性						满量程输入	分辨率
SW1	SW2	SW3	SW4	SW5	SW6		
ON	OFF	OFF	ON	OFF	ON	0～50mV	12.5μV
OFF	ON	OFF	ON	OFF	ON	0～100mV	25μV
ON	OFF	OFF	OFF	ON	ON	0～500mV	125μA
OFF	ON	OFF	OFF	ON	ON	0～1V	250μV
ON	OFF	OFF	OFF	OFF	ON	0～5V	1.25mV
ON	OFF	OFF	OFF	OFF	ON	0～20mA	5μA
OFF	ON	OFF	OFF	OFF	ON	0～10V	2.5mV
双级性						满量程输入	分辨率
SW1	SW2	SW3	SW4	SW5	SW6		
ON	OFF	OFF	ON	OFF	OFF	±25mV	12.5μV
OFF	ON	OFF	ON	OFF	OFF	±50mV	25μV
OFF	OFF	ON	ON	OFF	OFF	±100mV	50μV
ON	OFF	OFF	OFF	ON	OFF	±250mV	125μV
OFF	ON	OFF	OFF	ON	OFF	±500	250μV
OFF	OFF	ON	OFF	ON	OFF	±1V	500μV
ON	OFF	OFF	OFF	OFF	OFF	±2.5V	1.25mV
OFF	ON	OFF	OFF	OFF	OFF	±5V	2.5mV
OFF	OFF	ON	OFF	OFF	OFF	±10V	5mV

　　5. 量纲变换

　　量纲变换也叫工程量变换。例如温度用 ℃，流量用 m^3/h（立方米/小时），压强为 bar（巴）（1 巴（bar）=0.1 兆帕（MPa）=100 千帕（kPa）=1.0197kg/cm^2），这些参数经 A/D 转换后变为无量纲的数，并且是一个具有不同测量范围的数，经过算术运算或其他运算方式的处理，将测量值转换成相应的工程量值，HMI 可以从结果寄存器中读取并直接显示为工程量，这种转换称为量纲变换。可以根据如下公式进行编程：

　　A＝（D–Dmin）×（Amax–Amin）/（Dmax–Dmin）+Amin。

　　A：具有实际工程标量的值（如℃、bar）；

　　D：测量值，AD 转换器转换来的数据；

　　Amin / Amax：传感器仪表量程的最小标示值和最大标示值；

　　Dmin / Dmax：A/D 转换的最小值和最大值。

　　根据该方程式，可以方便地根据数字量 D 值计算出模拟量 A 值。

【例 1】某温度传感器，温度测量范围为-10～60℃，输出电流范围 4～20mA，以 T 表示温度值，AIW0 中为 PLC 模拟量采样值，则根据上式直接代入得出：

T=(AIW0-6400)×[60-(-10)]/(32000-6400)+(-10)

编程如图 6-11-6 所示。

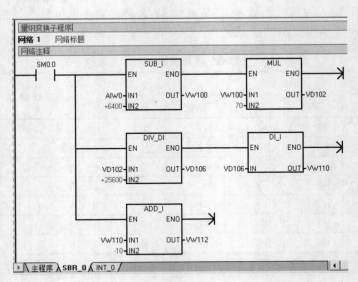

图 6-11-6   量纲变换程序

想一想：上述程序中为什么使用"DI_I"指令？

动动手吧

某压力变送器，测量压力范围是 1～50bar，变送器的输出电流是 0～10V，测量值存放在 AIW0 中，试将 AIW0 的数值转换为实际压力值。

步骤二   确定 I/O 点数及地址分配

本任务中，开关量输入信号 3 个，开关量输出信号 1 个，模拟量输入信号 1 个。PLC 的 I/O 地址分配如表 6-11-5 所示。

表 6-11-5   I/O 地址分配表

	开关量输入信号			开关量输出信号	
1	I0.0	启动按钮 SB1	1	Q0.0	补水泵运行输出 KM
2	I0.1	停止按钮 SB2			
3	I0.2	手动/自动转换开关 SA			
	模拟量输入信号				
1	AIW0	管网压力 0～10V			
2	AIW2	未使用			
3	AIW4	未使用			
4	AIW6	未使用			

步骤三   选择元器件

通过查阅 S7-200 产品手册、相应电器元件选型手册、相关技术书籍、上网等途径，按照

图 6-11-1 所示的硬件电路图进行元器件选型。参考元器件如表 6-11-6 所示。

表 6-11-6 设备材料表

序号	符号	设备名称	型号、规格	单位	数量	备注
1	PLC	可编程控制器	S7-200 CPU 226	台	1	
2	A/D	模拟量输入模块	EM231 4 输入	台	1	
3	S	压力传感器	LYC3003	只	1	
4	KM	接触器	CJX2-12	只	1	
5	FR	热继电器	LR1-D09316	只	1	
6	QF	断路器	DZ47-D16/3P	只	1	
7	FU	熔断器	RT18-32/6A	只	1	
8	SB	按钮	LA39-11	只	2	
9	SA	转换开关	LW39B-16	只	1	

步骤四 程序设计

根据任务控制要求，编写程序如图 6-11-7 所示。

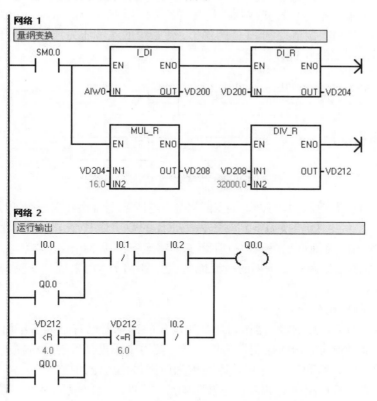

图 6-11-7 恒压供水控制系统 PLC 控制程序

步骤五 调试运行

根据原理图 6-11-5 连接 PLC 线路。接线图检查无误后，将上述程序下载到 PLC 中，运行程序，观察控制过程。

（1）手动控制：将手动开关 SA 置于 ON 位置，分别按下按钮 SB1、SB2，观察 Q0.0 的动作情况。

（2）自动控制：将手动开关 SA 置于 OFF 位置，通过改变 A/D 模块的输入电压（0～10V 范围内）模拟管道压力变化，监控观察相应数据寄存器的数值，并观察 Q0.0 的动作情况。

项目拓展

任务　变频恒压供水控制系统设计

1. 任务提出

现有 1 台功率为 5.5kW 的水泵作为小区供水系统的补水泵，水泵采用变频器控制方式，变频器采用西门子 MM420 系列的相应型号产品；压力检测采用压力传感器（压力范围 0～16bar，DC24V 供电，输出信号为 4～20mA）；管道压力设定范围为 7bar，压力波动范围为±0.2bar。

请合理选择 PLC 基本模块、A/D、D/A 转换模块及继电器等电器元件设计一个恒压供水控制系统。

2. 任务相关知识

本任务中，要求管道压力稳定在 7bar 附近，我们常用闭环控制来实现：模拟量输入模块将压力传感器传回来的电信号转变成数字量传送给 CPU 用于计算，对于 PLC 编程，可以设定目标压力，然后通过 PID 调节控制 PLC 的输出，使管道的实际压力逐渐趋近于目标压力。PLC 模拟量闭环控制系统如图 6-11-8 所示。

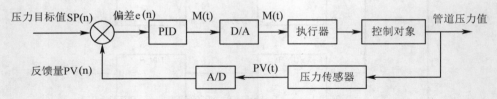

图 6-11-8　PLC 模拟量闭环控制系统

压力传感器检测管道压力，并输出标准量程的电压或电流，然后送给 PLC 的模拟量输入模块（A/D 模块），经 A/D 转换后得到与压力成正比的数字量 PV(n)，CPU 将它与压力设定值 SP(n)比较，并按 PID 控制算法对误差进行运算，将运算结果 M(n)送给模拟量输出模块（D/A 模块），经 D/A 转换后变为标准量程的电流或电压信号 M(t)，用来控制变频器的频率，实现对管道压力的控制。

（1）PID 控制理论简介。

PID（比例-积分-微分）控制器作为最早实用化的控制器已有 50 多年历史，现在仍然是应用最广泛的工业控制器。PID 控制器简单易懂，使用中不需精确的系统模型等先决条件，只需设定三个参数（K_c，T_i 和 T_d）即可，因而成为应用最为广泛的控制器。

PID 运算中的比例作用可对偏差作出及时响应。系统一旦出现了偏差，比例调节立即产生调节作用以减少偏差，比例作用大，可以加快调节，减少误差，但是过大的比例，会使系统的稳定性下降，甚至造成系统的振荡。

PID 运算中的积分作用使系统消除稳态误差，提高无差度。因为有误差，积分调节就进行，直至无差，积分调节停止，积分调节输出一常值。积分作用的强弱取决于积分时间常数 K_i，

K_i 越小，积分作用就越强。反之 K_i 越大则积分作用越弱，加入积分调节可使系统稳定性下降，动态响应变慢。积分作用常与另两种调节规律结合，组成 PI 调节器或 PID 调节器。

PID 运算中的微分作用反映系统偏差信号的变化率，具有预见性，能预见偏差变化的趋势，因此能产生超前的控制作用，在偏差还没有形成之前，已被微分调节作用消除。因此，可以改善系统的动态性能。在选择合适微分时间情况下，可以减少超调，减少调节时间。微分作用对噪声干扰有放大作用，因此过强的微分调节，对系统抗干扰不利。此外，微分反映的是变化率，而当输入没有变化时，微分作用输出为零。微分作用不能单独使用，需要与另外两种调节规律相结合，组成 PD 或 PID 控制器。

PID 的三种作用是相互独立，互不影响的。改变一个参数，仅影响一种调节作用，而不影响其他的调节作用。在很多情况下，并不一定需要全部三个单元，可以取其中的一到两个单元：假如不需要积分回路，可以把积分时间设为无穷大，不存在积分作用，但积分项还可以保留；假如不需要微分回路，可以把微分时间置为零；如果不需要比例回路，但需要积分和微分回路，可以把增益设为 1.0。

（2）S7-200 PID 调节指令。

S7-200 CPU 提供了 8 个回路的 PID 功能，用以实现需要按照 PID 控制规律进行自动调节的控制任务。S7-200 中 PID 功能的核心是 PID 指令。指令格式及功能见表 6-11-7。

表 6-11-7　PID 调节指令的格式及功能

梯形图	语句表	功　能
PID EN　　ENO TBL LOOP	PID TBL,LOOP	当使能端 EN 为 1 时，利用以 TBL 为起始地址的回路表中提供的回路参数，进行 PID 运算

说明：

① LOOP 为 PID 调节回路号，常数，可在 0～7 范围选取。为保证控制系统的每一条控制回路都能正常得到调节，必须为调节回路号 LOOP 赋不同的值，否则系统将不能正常工作；

② TBL 为与 LOOP 相对应的 PID 参数表的起始地址 VB，它由 36 个字节组成，存储着 9 个参数。其格式及含义如表 6-11-7 所示；

③ CPU 212 和 CPU 214 无此指令。

（3）PID 回路表的格式及初始化。

PLC 在执行 PID 调节指令时，须对算法中的 9 个参数进行运算，为此 S7-200 的 PID 指令使用一个存储回路参数的回路表，PID 回路表的格式及含义如表 6-11-8 所示。

表 6-11-8　PID 回路表

偏移地址 （VB）	变量名	数据格式	输入/输出类型	取值范围
T+0	反馈量（PV_n）	双字实数	输入	0.0～1.0
T+4	给定值（SP_n）	双字实数	输入	0.0～1.0
T+8	输出值（M_n）	双字实数	输入/输出	0.0～1.0
T+12	增益（K_c）	双字实数	输入	比例常数，可正可负

偏移地址 （VB）	变量名	数据格式	输入/输出类型	取值范围
T+16	采样时间（T_s）	双字实数	输入	单位为 s，正数
T+20	积分时间（T_i）	双字实数	输入	单位为 min，正数
T+24	微分时间（T_d）	双字实数	输入	单位为 min，正数
T+28	积分项前值（MX）	双字实数	输入/输出	0.0～1.0
T+32	反馈量前值（PV_{n-1}）	双字实数	输入/输出	最后一次执行 PID 指令的过程变量值

说明：

① PLC 可同时对多个生产过程（回路）实行闭环控制。由于每个生产过程的具体情况不同，其 PID 算法的参数亦不同。因此，需建立每个控制过程的参数表，用于存放控制算法的参数和过程中的其他数据。当需要做 PID 运算时，从参数表中把过程数据送至 PID 工作台，待运算完毕后，将有关数据结果再送至参数表；

② 表中反馈量 PV_n 和给定值 SP_n 为 PID 算法的输入，只可由 PID 指令来读取而不可更改；通常反馈量来自模拟量输入模块，给定量来自人机对话设备，如 TD200、触摸屏、组态软件监控系统等；

③ 表中回路输出值 M_n 由 PID 指令计算得出，仅当 PID 指令完全执行完毕才予以更新。该值还需用户按工程量标定通过编程转换为 16 位数字值，送往 PLC 的模拟量输出寄存器 AQWx；

④表中增益（K_c）、采样时间（T_s）、积分时间（T_i）和微分时间（T_d）是由用户事先写入的值，通常也可通过人机对话设备，如 TD200、触摸屏、组态软件监控系统输入；

⑤ 表中积分项前值 MX 由 PID 算法来更新，且此更新值用作下一次 PID 运算的输入值。

为执行 PID 指令，要对 PID 回路表进行初始化处理，即将 PID 回路表中有关的参数（给定值 SP_n、增益 K_c、采样时间 T_s、积分时间 T_i、微分时间 T_d），按照地址偏移量写入到变量寄存器 V 中。一般是调用一个子程序，在子程序中，对 PID 回路表进行初始化处理。在采用人机界面的系统中，初始化参数通过人机界面直接输入。

3. 任务实施方案

步骤一　硬件电路设计

根据任务要求，对定压供水系统的电路设计如下：

控制要求中，水泵采用变频器控制方式，变频器采用西门子 MM420 系列的相应型号产品，功率为 5.5kW 的变频器；变频器的启动（2 线制）控制通过中间继电器触点连接（5 号、8 号端子），当 PLC 输出时，KA 动作，变频器即可工作运行。变频器的开关量输出端子 RL1B 和 RL1C 为故障输出信号开关量，接入 PLC 中作为故障保护使用。

图 6-11-9 中模拟量转换模块采用了 EM235（4 模拟输入，1 模拟输出）模块，压力传感器输出信号为 4～20mA 电流类型，因此模拟量模块按电流信号方式接线，接入到第 2 输入通道中，其他没有使用的模拟量输入通道请按图中所示将相应端子短接。模拟量输出连接变频器的 3、4 号接线端子，其中 4 号端子为模拟信号接地，与 EM235 的模拟输出地端子 M0 连接，3 号端子为电压信号输入（范围 0～10V），与 EM235 的模拟输出端 V0 连接。

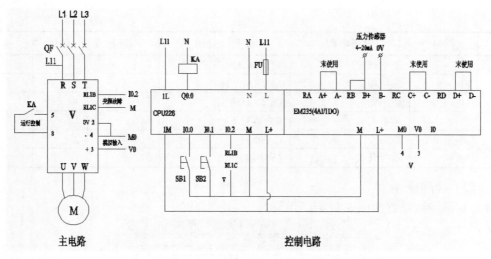

图 6-11-9 变频恒压供水控制系统电路图

变频器已具有短路保护、过载保护和缺相保护功能，不需要再外加以上保护器件。

步骤二 确定 I/O 点数及地址分配

PLC 的 I/O 分配地址如表 6-11-9 所示。开关量输入信号为 3 个，开关量输出信号为 1 个，模拟量输入信号为 1 个，模拟量输出信号为 1 个。

表 6-11-9 I/O 地址分配表

		开关量输入信号			开关量输出信号
1	I0.0	启动按钮 SB1	1	Q0.0	变频器运行控制 KA
2	I0.1	停止按钮 SB2			
3	I0.2	热保护继电器 FR			
		模拟量输入信号			模拟量输出信号
1	AIW0	未使用	1	AQW0	选用 0~10V 接线端子
2	AIW2	管网压力传感器 4-20mA			
3	AIW4	未使用			
4	AIW6	未使用			

步骤三 选择元器件

通过查阅 S7-200 产品手册、相应电器元件选型手册、相关技术书籍、上网等途径，按照图 6-11-9 所示的硬件电路图进行元器件选型。参考元器件如表 6-11-10 所示。

表 6-11-10 设备材料表

序号	符号	设备名称	型号、规格	单位	数量	备注
1	PLC	可编程控制器	S7-200 CPU 226	台	1	
2	A/D	模拟量模块	EM235 4 输入	台	1	
3	VVVF	变频器	6SE6420-2AD25-5CA0	台	1	
4	S	压力传感器	LYC3003	只	1	4~20mA
5	KM	接触器	CJX2-12	只	1	

续表

序号	符号	设备名称	型号、规格	单位	数量	备注
6	KA	继电器	JZ14-44J/5	只		
7	FR	热继电器	LR1-D09316	只	1	
8	QF	断路器	DZ47-D16/3P	只	1	
9	FU	熔断器	RT18-32/6A	只	1	
10	SB	按钮	LA39-11	只	2	
11	SA	转换开关	LW39B-16	只	1	

步骤四　程序设计

（1）回路参数设置如图 6-11-10 所示。

符号表

	符号	地址	注释
1	检测值	VD100	
2	设定值	VD104	
3	控制量输出值	VD108	
4	回路增益	VD112	
5	采样时间	VD116	
6	积分时间	VD120	
7	微分时间	VD124	

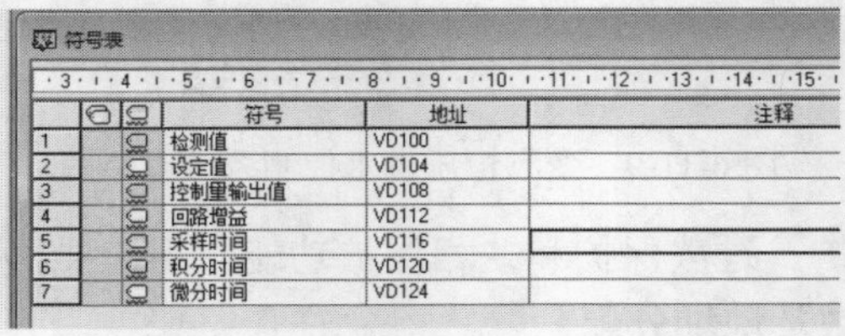

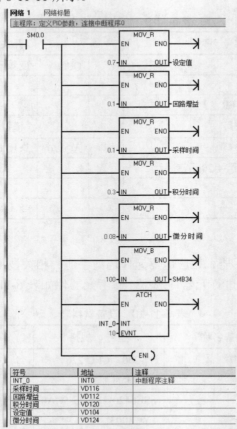

图 6-11-10　恒压供水系统回路参数

（2）主程序设计如图 6-11-11 所示。

图 6-11-11　变频恒压供水系统主程序

（3）恒压控制中断服务子程序设计如图 6-11-12 所示。

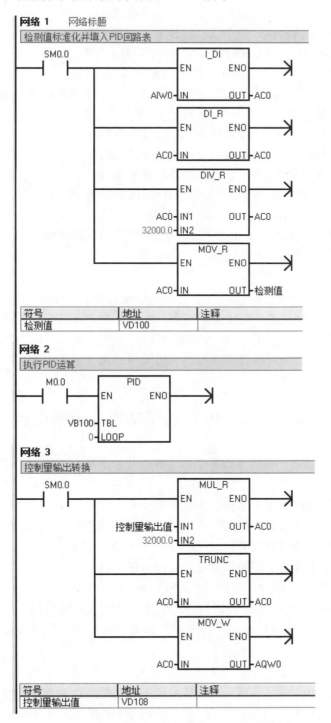

图 6-11-12　恒压供水系统程序中断服务程序

步骤五　调试运行

根据原理图连接 PLC 线路，检查无误后，将程序下载到 PLC 中，运行程序，观察控制过程。

（1）设置变频器，参数设置如下：

P0100——"快速调试设置"，设定值 1，开始快速调试；

P0700——"命令源选择"，设定值 1，由 BOP（键盘）设置；

P1080——"最低频率"，设定值 10，输出频率下限为 10Hz；

P1082——"最高频率"，设定值 50，输出频率上限为 50Hz；

P2201——"允许 PID 控制器投入"，设定为 1，允许投入 PID 闭环控制；

P2271——"PID 传感器反馈型式"，设定为 0，PID 负作用；

P2291——"PID 输出上限"，设定值 100，最大频率 50Hz；

P2292——"PID 输出下限"，设定值 20，最小频率 10Hz；

P0700——"命令源选择"，设定值 2，由外部端子设置；

P0100——"快速调试设置"，设定值 0，调试结束，准备运行。

（2）按下启动按钮 SB1，观察水泵的动作情况。

（3）改变 PID 中的 K_c、T_i、T_d 参数值，观察泵的动作及变频器频率的变化情况。

项目总结

本项目的变频恒压供水系统已在许多实际的供水控制系统中得到应用，并取得稳定可靠的运行效果和良好的节能效果。在实际应用中，若一台泵运行仍不能满足压力要求时，则采用两台水泵工作方式，根据管网压力值，交替控制两台水泵之间的变频调节与工频切换控制。变频恒压供水系统具有高度的可靠性和实时性，极大地提高了供水的效率，并且节省了人力，具有明显的经济效益和社会效益。

项目十二　PLC 通信功能与组网设计

项目目标

通过本项目的学习，学生应掌握以下职业能力：

- 了解 S7-200 系列 PLC 的 PPI、MPI、PROFIBUS-DP、工业以太网、RS485 自由口通信方式及相应通信协议的含义；
- 了解不同通信方式下的硬件配置及连接方法；
- 了解不同通信方式下的软件配置及 PLC 编程方法；
- 掌握 S7-200 系列 PLC 的通信指令的格式、功能及其编程；
- 理解 S7-200 系列 PLC 自由端口通信协议的含义，掌握使用自由端口通信的编程。

项目要求

把 PLC 与 PLC、PLC 与计算机、PLC 与人机界面或 PLC 与智能设备通过信道连接起来，实现通信，以构成功能更强、性能更好、信息流畅的控制系统，以实现信息交换，满足工厂自动化系统发展的需要，各 PLC 和远程 I/O 模块按功能各自分布在生产现场进行分散控制，然后用网络连接起来，构成集中管理的分布式网络系统。PLC 通信的根本目的是与通信对象交换数据，增强 PLC 的控制功能，实现被控制系统的自动化、远程化、信息化及智能化。

西门子公司提出的全集成化（TIA）系统的核心内容包括组态和编程的集成、数据管理的集成以及通信的集成。通信网络是这个系统中非常重要的关键组件。强大而灵活的通信能力，是 S7-200 系统的一个重要特点，通过 PPI、MPI、PROFIBUS-DP、工业以太网、RS485 自由口方式等多种通信方式，不仅可以与西门子 SIMATIC 家族的其他成员，如 S7-300 和 S7-400 等 PLC、各种西门子 HMI（人机操作界面）产品、其他如 LOGO！智能控制模块、SIMAMICS 驱动装置等紧密地联系起来，还可以通过 RS485 自由口通信方式与各种不同类型的设备进行相关通信。

具体要求：在某自动化生产线的控制系统中安装有两台 PLC，两台 PLC 之间的距离小于 50 米，一台是 CPU 226，另一台是 CPU 224，分别控制相应的机电设备。请采用西门子 PLC 的 PPI 通信方式，将两台 PLC 连成一个通信网络，其中 CPU 226 是主站，CPU 224 为从站。请完成通信的硬件电路连接、通信设置及编写测试程序。

项目分析

根据任务描述和通信相关知识，PLC 与 PLC 之间采用 PROFIBUS 网络连接器连接，因通信距离小于 50 米，不需要增加中继器；PLC 与 PC 机之间采用 PPI 通信电缆连接。为了直观测试 PLC 之间的通信效果，采用最基本的启动停止控制逻辑运算和定时控制输出运算，达到实时数据传输的效果，确认 PLC 之间 PPI 通信的正确性和实时性。具体操作按以下步骤完成。

1. 将主站 CPU 226 的 I2.0～I2.7 分别连接按钮开关 SB1～SB8，Q1.0～Q1.7 分别连接指示灯 HL1～HL8。从站 CPU 224 的 I0.0～I0.7 分别连接按钮开关 SB8～SB16，Q0.0～Q0.7 分别连接指示灯 HL9～HL16。用 PROFIBUS 网络连接器将 CPU 226 和 CPU 224 的 Port0 口连接。

2. 分别对主、从站 PLC 进行 PPI 通信设置，主站端口地址设为 2，从站端口地址设为 3。

3. 测试程序要求如下：

将主站的 SB1～SB8 的状态发送到从站的 HL9～HL16 指示灯输出。

将从站的 SB8～SB16 的状态读到到主站的 HL1～HL8 指示灯输出。

项目实施

步骤一 硬件电路设计

用网络连接器将两个 PLC 的 Port0 口相连，实现 PLC 之间的通信，要求在接线时采用 RVVP2*0.75 屏蔽电缆，并分别将网络连接器的终端电阻选择置于 ON 位置。输出指示灯采用 220V 交流电源，两个 PLC 的接线图如图 6-12-1 所示。

相关知识

S7-200 系列 PLC 的通信方式

S7-200 系列 PLC 基本模块多数为一个通信端口（Port0），CPU 224XP 和 CPU 226 具有两个通信端口（分别为 Port0 和 Port1），两个通信口基本一样，没有什么特殊的区别。它们可以各自在不同的模式、通信速率下工作，可以分别连接不同的设备，并且分属两个不同的网络。

基本模块通信端口的首要任务是实现与 PC 机中安装的 STEP 7-Micro/WIN 编程软件进行通信操作，完成 PLC 的各种设置或程序下载；其次是结合各种通信扩展模块或通信组件实现 PLC 与 PLC、PLC 与多种其他设备之间的通信网络结构。常见的通信扩展模块或组件如表 6-12-1 所示。

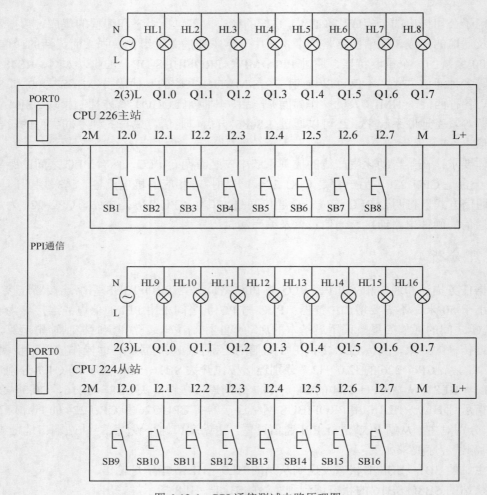

图 6-12-1   PPI 通信测试电路原理图

表 6-12-1   S7-200 常见的通信扩展模块或组件

序号	名称及简要说明
1	S7-200 USB（RS-232）/PPI 多主站通信电缆
2	MPI 多主站通信电缆
3	CP（通信处理卡）安装于 PC 机中，与 MPI 结合使用
4	扩展模块 EM 277，PROFIBUS-DP 通信扩展模块
5	扩展模块 CP 243-1，以太网组网硬件

通过选择表 6-12-1 中不同的模块或组件连接可搭建多种不同的通信网络，同时要对 PC 机、PLC 基本模块进行设置，选择对应的通信协议才能建立完善的通信连接。S7-200 系列 PLC 有 PPI、MPI、PROFIBUS-DP、工业以太网、RS485 自由口等多种通信方式，下面简要介绍不同通信方式下的通信特点、通信协议及所需模块或组件特点。

1. 点对点接口协议（PPI）

PPI 是西门子专门为 S7-200 系列 PLC 开发的通信协议，是 S7-200 CPU 最基本的通信方式，是 S7-200 CPU 默认的通信方式。

　　PPI 是主/从协议，S7-200 系列 PLC 既可做主站又可做从站，通信速率为 9.6K、19.2K 和 187.5K 波特率，支持一主机多从机连接和多主机多从机连接方式。这个协议中，主站给从站发送申请，从站进行响应。从站不主动发信息，总是等待主站的要求，并且根据地址信息对要求做出响应。

　　如果在程序中允许 PPI 主站模式，一些 S7-200 CPU 在 RUN 模式下可以作为主站。一旦允许主站模式，就可以利用网络读（NETR，Net Read）和网络写（NETW，Net Write）指令读写其他 PLC。当 S7-200 CPU 作为 PPI 主站时，它还可以作为从站响应来自其他主站的申请。对于任何一个从站有多少个主站与其通信，PPI 没有限制，但是在网络中最多只能有 32 个主站。

　　单主站的 PPI 网络如图 6-12-2 所示，用 PPI 协议进行通信网络连接中，采用 PC/PPI 电缆，将计算机或人机界面（HMI）设备（如 TD200、TP 或 OP）与 PLC 连接在一个网络中，PC 机或 HMI 设备默认为主站。PLC 之间的连接则通过 PROFIBUS 连接器和电缆进行连接通信。

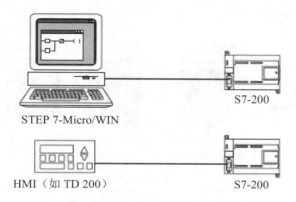

图 6-12-2　单主站的 PPI 网络

　　在这两个网络中，S7-200 CPU 是从站，响应来自主站的要求。

　　多主站的 PPI 网络如图 6-12-3 所示，PC 和 HMI 可以对任意 S7-200 CPU 从站读写数据，PLC 和 HMI 共享网络。

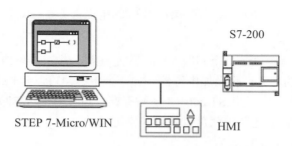

图 6-12-3　多主站的 PPI 网络

　　复杂的 PPI 网络如图 6-12-4 所示，是一个带点对点通信的多主网络，PC 和 HMI 通过网络读写 S7-200 CPU，同时 S7-200 CPU 之间使用网络读写指令相互读写数据（点对点通信）。

　　用户在设计网络时，应当注意 PLC 与 PLC 之间的 PROFIBUS 连接器接线方法和网络通信距离等问题。

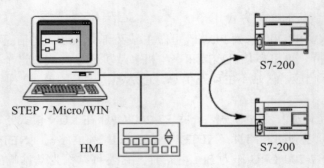

图 6-12-4   复杂的 PPI 网络

（1）PROFIBUS 连接器接线方法。

S7-200 CPU 上的通信口在电气上是 RS-485 口，为保证足够的传输速率，建议使用西门子公司制造的网络电缆和网络连接器（插头），网络连接器的外观结构及接线端子如图 6-12-5 所示。只要通过网络连接器用导线 A 对 A 连接，B 对 B 连接即可。接线端子上方为终端电阻选择开关，在整个网络中只需将首端和末端的终端电阻开关置于 ON 位置。

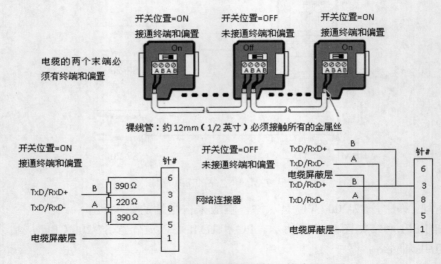

图 6-12-5   网络连接器外观结构及接线端子图

（2）通信距离问题。

S7-200 PLC 的通信距离是一个网段 50m，这是在符合规范的网络条件下，能够保证的通信距离。凡超出 50m 的距离，应当加中继器。加一个中继器可以延长通信网络 50 米。如果加一对中继器，并且它们之间没有 S7-200 CPU 站存在（可以有 EM277），则中继器之间的距离可以达到 1000 米。符合上述要求就可以做到非常可靠的通信。

带中继器的网络如图 6-12-6 所示。

（3）浪涌抑制与电气隔离。

安装合适的浪涌抑制器，可以避免雷击浪涌。应避免将低压信号线和通信电缆与交流导线和高能量、快速开关的直流导线布置在同一线槽中。要成对使用导线，用中性线或公共线与能量线或信号线配对。

S7-200 CPU 上的通信口是非隔离的，需要注意网络上的各通信口电位相等，具有不同参考电位的互联设备有可能导致不希望的电流流过连接电缆,这种电流有可能导致通信错误或者设备损坏,如要对网络进行电气隔离处理,应考虑使用 RS-485 中继器或者 EM277。图 6-12-6 中所示就具有相应电气隔离条件。

图 6-12-6　带中继器的网络

2. 多点接口协议（MPI）

MPI 是集成在西门子公司的 PLC、操作员界面和编程器上的集成通信接口,用于建立小型的通信网络,是一种比较简单的通信方式。MPI 协议可以是主/主协议或主/从协议。协议如何操作有赖于设备类型。在计算机或编程设备中插入一块 MPI（多点接口卡）卡或 CP（通信处理卡）卡,由于该卡本身具有 RS-232/RS-485 信号电平转换器,因此可以将计算机或编程设备直接通过 RS-485 电缆与 S7-200 系列 PLC 进行相连。S7-200 系列 PLC 只能作从站。多点网络如图 6-12-7 所示。

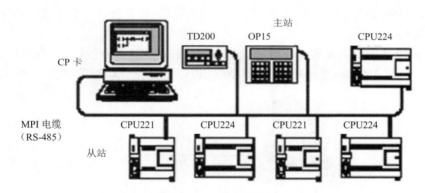

图 6-12-7　多点网络

MPI 协议可用于 S7-300 和 S7-400 与 S7-200 之间的通信;S7-300 和 S7-400 PLC 可以用 XGET 和 XPUT 指令来读写 S7-200 的数据,要得到更多关于这些指令的信息,可参阅有关 S7-300 和 S7-400 的资料。

3. PROFIBUS 协议

PROFIBUS-DP 现场总线是一种开放式现场总线系统,符合欧洲标准和国际标准。PROFIBUS 协议是用于分布式 I/O 设备（远程 I/O）的高速通信,可以使用不同厂家的 PROFIBUS 设备,许多厂家生产类型众多的 PROFIBUS 设备,如简单的输入/输出模块、电机控制器和 PLC 等。S7-200 系列 PLC 通过 EM277 PROFIBUS-DP 扩展模块可以方便地与 PROFIBUS 现场总线进行连接,EM 277 PROFIBUS-DP 模块端口可运行于 9600 波特到 12M 波特之间的任何 PROFIBUS 波特率,进而实现低档设备的网络运行。

有 PC 和 HMI 设备的 PROFIBUS 网络如图 6-12-8 所示,S7-300 作 PROFIBUS 的主站,S7-200 是从站,HMI 通过 EM277 监控 S7-200,PC 通过 EM277 对 S7-200 进行编程。

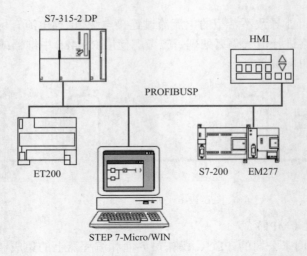

图 6-12-8   PROFIBUS 网络

4. TCP/IP 协议

通过 CP243-1 通信处理器，可以将 S7-200 系统连接到工业以太网（IE）中。通过工业以太网，一台 S7-200 CPU 可以与另一台 S7-200、S7-300 或 S7-400 CPU 进行通信，也可与 OPC 服务器及 PC 机进行通信。还可以通过 CP243-1 IT 通信处理器的 IT 功能，非常容易地与其他计算机以及控制器系统交换文件，在全球范围内实现控制器和当今办公环境中所使用的普通计算机之间的连接。

在如图 6-12-9 所示的配置中，PC 通过以太网连接与 S7-200 通信，S7-200 带有以太网模块 CP243-1 和互联网模块 CP243-1 IT。S7-200 CPU 可以通过以太网连接交换数据。

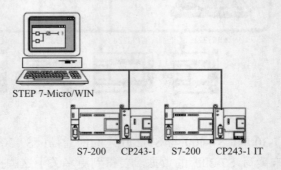

图 6-12-9   工业以太网

5. 用户自定义协议（自由口通信模式）

自由口通信方式是 S7-200 CPU 很重要的功能。在自由口模式下，S7-200 可以由用户自己定义通信协议，提高了通信范围，使控制系统配置更加灵活、方便。

自由口通信模式使 S7-200 可以与许多通信协议公司的其他设备和控制器进行通信，例如打印机、条形码阅读器、变频器、调制解调器和其他上位机等。通过使用接收中断、发送中断、字符中断、发送指令（XMT）和接收指令（RCV），可以为所有的通信活动编程。通信速率从 1.2kbps 到 9.6kbps、19.2kbps 或 115.2kbps。通信协议应符合通信对象的要求或者由用户决定。

步骤二   通信设置

设置 CPU 226 为主站，网络地址是 2，CPU 224 为从站，网络地址是 3。根据图 6-12-1 所示电路图连接硬件电路,检查无误并确保操作安全。通过 PPI 电缆分别对主站 PLC 和从站 PLC 端口地址（Port0）进行通信设置。

（1）主站（CPU 226）通信端口地址的设置。

将主站 PLC 上的网络连接器拆除,用 PPI 电缆连接 PC 机与 PLC 的 Port0 端口,给 PLC 供电。在 PG/PC 机上运行 STEP 7-Micro/WIN 软件,单击浏览栏上的通信（Communications）图标打开通信属性对话框,双击刷新（Refresh）图标,若 PPI 电缆连接及设置正确,对话框中将显示出连接的 PLC,如图 6-12-10 所示。

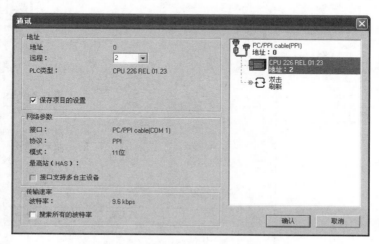

图 6-12-10　主站 PLC 与 PC 机的通信连接

PLC 与 STEP 7-Micro/WIN 软件正确连接后,单击浏览栏上的系统块图标打开通信端口属性对话框,如图 6-12-11 所示。在对话框中根据任务的要求设置参数如下:

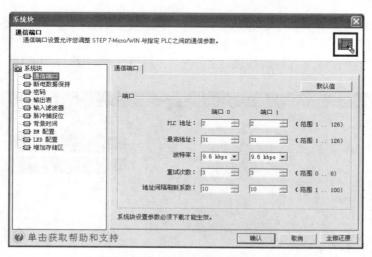

图 6-12-11　主站通信端口对话框

PLC 地址为 2；最高地址默认为 31,本任务中从站地址为 3,整个网络的地址最大数值为 3,可以进行修改,也可以采用默认值；波特率采用 9.6kbps；其他采用默认值。

设置完成后单击"确认"按钮。通过 STEP 7-Micro/WIN 软件将设置参数下载到 PLC 中,即可完成对主站 PLC 的端口地址的设定。

（2）从站（CPU 224）通信端口地址的设置。

从站 PLC 通信端口地址的设置可参考主站的设置方法。

设置参数如下：

如图 6-12-12 所示，PLC 地址设置为 3；最高地址默认为 31，本任务中整个网络的地址最大数值为 3，可以进行修改为 3，也可以采用默认值；波特率采用 9.6kbps；其他采用默认值。

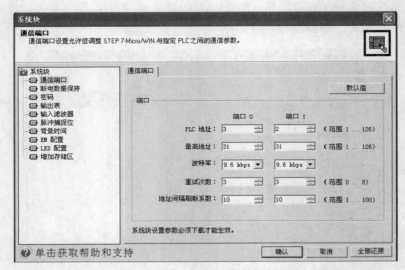

图 6-12-12　从站通信端口对话框

设置完成后单击"确认"按钮。通过 STEP 7-Micro/WIN 软件将设置参数下载到 PLC 中，即可完成对从站 PLC 的端口地址的设定。

（3）PPI 通信网络连接检测。

在对主站、从站 PLC 端口地址设置完成后，将接好导线的网络连接器分别接入主、从站的 Port0 端口中；PPI 电缆同时接入主站或从站的任何一个端口均可以。通过 STEP 7-Micro/WIN 软件对所有网络连接设备进行刷新搜索，如图 6-12-13 所示为网络成功连接。

图 6-12-13　PPI 网络通信连接对话框

步骤三　编写控制程序

根据任务的要求和分析，在通信硬件完成后，还需要了解西门子 PLC 通信指令及数据的格式；需要完成 PPI 通信端口控制寄存器的设置；需要完成对主站网络读写指令的配置；最后完成主、从站的测试程序。

相关知识

S7-200 在 PPI 通信模式下，只有两条指令网络读（NETR，Net Read）和网络写（NETW，Net Write）来实现 PLC 间的数据通信。

网络读写指令格式及功能如表 6-12-2 所示。

表 6-12-2　网络读写指令

梯形图	语句表	功能
NETR — EN　　ENO — — TBL — PORT	NETR TBL,PORT	网络读指令：通过指定的通信口从其他 PLC 中指定地址的数据区读取最多 16 字节的信息，存入本 CPU 中指定地址的数据区
NETW — EN　　ENO — — TBL — PORT	NETW TBL,PORT	网络写指令：通过指定的通信口把本 PLC 中指定地址的数据区内容写到其他 PLC 中指定地址的数据区内，最多可写入 16 个字节

说明：

① TBL 指定被读/写的网络通信数据表，其寻址的寄存器为 VB、MB、*VD、*AC。

② PORT 指定通信端口 0 或 1。

③ 可以使用编程软件 STEP 7-Micro/WIN 中的网络读写向导来生成网络读写程序。

④ 同一个 PLC 的用户程序中可以有任意条网络读写指令，但同一时刻只能有最多 8 条网络读指令或写指令激活。

⑤ 在 SIMATIC S7 的网络中，S7-200 CPU 被默认为 PPI 从站。要执行网络读写指令，必须用程序把 PLC 设置为 PPI 主站模式。

通过设置 SMB30 或 SMB130 低两位，使其取值 2#10，将 PLC 的通信端口 0 或通信端口 1 设定工作于 PPI 主站模式，就可以执行网络读写指令了。S7-200 CPU 特殊寄存器字节 SMB30（Port0，端口 0）或 SM130（Port1，端口 1）中各位的定义如表 6-12-3 所示。

表 6-12-3　特殊寄存器 SMB30/SMB130 各位定义

Msb							Lsb
7							0
p	p	d	b	b	b	m	m

pp：奇偶校验选择，00：无奇偶校验；01：偶校验；10：无奇偶校验；11：奇校验

bbb：波特率：000：38400 波特；001：19200 波特；010：9600 波特；011：4800 波特；100：2400 波特；101：1200 波特；110：600 波特；111：300 波特

mm：协议选择；00：点对点接口协议（PPI 从机模式）；01：自由端口协议；10：PPI/主机模式；11：保留（默认为 PPI/从机模式）

⑥ NETR 和 NETW 所用的 TBL 参数定义如表 6-12-4 所示。

表 6-12-4　TBL 参数定义

字节	Bit 7				Bit0
0	D	A	E	0	错误代码
1	远程站地址：被访问 PLC 的地址				
2	远程站的数据指针：被访问数据的间接指针 （I、Q、M、V）				
3					
4					
5					
6	信息字节总数：远程站的被访问数据的字节数				
7	信息字节 0				
8	信息字节 1				
……	……				
22	信息字节 15				

说明：

D 表示操作完成状态：0=未完成；1=完成。

A 表示操作是否有效：0=无效；1=有效。

E 表示错误信息：0=无错；1=有错。

字节 7～字节 22，对 NETR 指令，执行指令后，从远程站读到的数据放在这个数据区；对 NETW 指令，执行指令前，要发送到远程站的数据放在这个数据区。

第一个字节后四位组成的错误编码含义如表 6-12-5 所示。

表 6-12-5　错误代码

错误代码	表示意义
0	没有错误
1	远程站响应超时
2	接收错误：奇偶校验错，响应时帧或校验错
3	离线错误：相同的站地址或无效的硬件引发冲突
4	队伍溢出错误：同时激活超过 8 条网络读写指令
5	通信协议错误：没有使用 PPI 协议而调用网络读写
6	非法参数：TBL 表中包含非法名无效的值
7	远程站正在忙
8	第七层错误：违反应用协议
9	信息错误：数据地址或长度错误
A-F	保留（未用）

使用网络读写指令编写控制程序

用两种方法实现以上编程，一是用指令编程方法，二是用指令向导方法。这里我们选择指令编程方法。

（1）设置缓冲区及数据区。

CPU 226 为主站，使用 NETR/NETW 网络通信指令需要对主站进行缓冲区设置，CPU 224 为从站，只设置数据区。主站缓冲区数据分配如表 6-12-6 所示。

表 6-12-6 主站缓冲区数据分配表

主站接收缓冲区		主站发送缓冲区	
VB300	状态字节	VB200	状态字节
VB301	从站地址（3）	VB201	从站地址（3）
VB302		VB202	
VB303	从站发送数据区首址	VB203	从站接收数据区首址
VB304		VB204	
VB305		VB205	
VB306	字节数（1）	VB206	字节数（1）
VB307	数据	VB207	数据

主站和从站数据区配置功能图如图 6-12-14 所示。

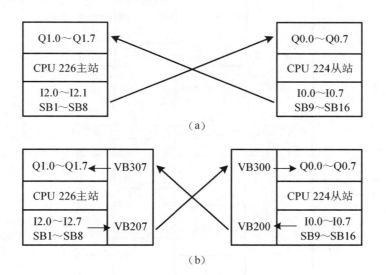

图 6-12-14 任务一通信配置功能图

主站 SB1～SB8 状态或经过运算后的结果送 VB207 寄存器（或相应位），经 PPI 通信操作将 VB207 寄存器中的数值传送到从站 VB300 寄存器中，从站从 VB300 读取数据和位信息再传送到 Q0.0～Q0.7 输出指示灯。反之，从站开关 SB9～SB16 状态经 VB200、VB307，再到输出指示灯 Q1.0～Q1.7。

（2）主站程序（如图 6-12-15 所示）。

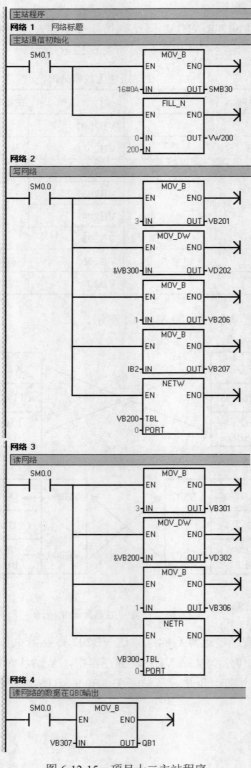

图 6-12-15　项目十二主站程序

（3）从站参考程序（如图 6-12-16 所示）。

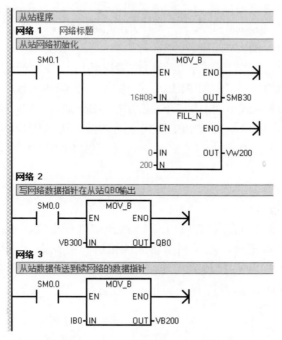

图 6-12-16　项目十二从站程序

步骤四　调试运行

双击图 6-12-13 中某一个 PLC 图标，编程软件将和该 PLC 建立连接，就可以将它的控制程序进行下载、上传和监视等通信操作。

输入、编译主站的通信程序，将它下载到主站（站 2）CPU 226 中；输入、编译从站的通信程序，将它下载到从站（站 3）CPU 224 中。

将两台 PLC 的工作方式开关置于 RUN 位置，分别动作 SB1～SB8，观察通信效果。

动动手吧

将 CPU 226 和 CPU 224 连成一个网络，其中 CPU 226 是主站，CPU 224 为从站。要求把 CPU 226 内 V 存储器保存的时钟信息用网络读写指令写入 CPU 224 的 V 存储区，把 CPU 224 内 V 存储区保存的时钟信息读取到 CPU 226 的 V 存储区，进一步实现：在两个 PLC 中，分别编程把对方实时时钟的秒信息以 BCD 格式传送到自身开关量输出字节 QB0 显示。

项目拓展

任务　两台 PLC 的自由端口通信

1. 任务提出

在自由口通信模式下，实现一台本地 PLC（CPU 226）与一台远程 PLC（CPU 226）之间的通信（距离小于 50m）。本地 PLC 的 I0.0 和 I0.1 控制远程 PLC Q0.0～Q0.7 上 8 只彩灯的启停。按下 I0.0，8 只彩灯依次循环点亮（间隔时间 1s），按下 I0.1，停止。发送和接收的时间配合关系无特殊要求。

2. 任务分析

S7-200 CPU 具有自由口通信能力，自由口通信是一种基于 RS485 硬件基础上，允许应用程序控制 S7-200 CPU 的通信端口以实现一些自定义通信协议的通信方式。即：在自由口模式下，通信协议完全由梯形图程序控制。

只有 PLC 处于 RUN 模式时，才能进行自由端口通信。CPU 通信口工作在自由口模式时，通信口就不支持其他通信协议（比如 PPI），此通信口不能再与编程软件 Micro/WIN 通信。CPU 停止时（处于 STOP 方式），自由口不能工作，Micro/WIN 就可以与 CPU 通信。

如果调试时需要在自由口模式与 PPI 模式之间切换，可以用反映 PLC 模块上的工作方式的特殊存储器位 SM0.7 来控制自由口方式的进入。当 SM0.7 为 1 时，PLC 处于 RUN 模式，可选择自由口通信。

3. 任务实施方案

步骤一　硬件电路设计

自由口通信的关键是对两台 S7-200 PLC 的 Port 口进行设置，通过相应的寄存器设置，使两个 Port 口工作在自由口模式，然后利用相应的传送和接收指令，即可实现数据的通信。整个过程都通过编程来完成，硬件接线只需连接两台 PLC 的 Port 口即可。用 PC/PPI 电缆及网络连接器连接两台 PLC，如图 6-12-17 所示。

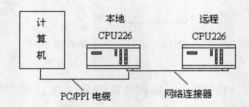

图 6-12-17　两台 PLC 自由端口通信系统示意图

步骤二　程序设计

相关知识

自由口通信模式主要使用 XMT（发送）和 RCV（接收）两条指令，以及相应的特殊寄存器。

1. 自由口发送/接收指令

自由口通信发送/接收指令格式与功能如表 6-12-7 所示。

表 6-12-7　自由口通信发送/接收指令

梯形图	语句表	功能
XMT EN　ENO TBL PORT	XMT TBL,PORT	发送数据指令：通过指定的通信端口（PORT），发送存储在数据区（TBL）中的信息
RCV EN　ENO TBL PORT	RCV TBL,PORT	接收数据指令：通过指定的通信端口（PORT）接收信息，接收的信息存储在数据缓冲区（TBL）中

说明：TBL 指定接收/发送数据缓冲区的首地址，TBL 数据缓冲区中的第一个字节用于设定应发送/应接收的字节数，发送指令允许 S7-200 的通信口上发送最多 255 个字节，所以缓冲区的大小在 255 个字符以内。可寻址的寄存器地址为 VB、IB、QB、MB、SMB、SB、*VD、*AC；PORT 指定通信端口，可取 0 或 1。

XMT 和 RCV 指令与 NETW/NETR 指令不同的是，它们与网络上通信对象的地址无关，仅对本地的通信端口操作。如果网络上有多个设备，消息中必然包含地址信息；这些包含地址信息的消息才是 XMT 和 RCV 指令的处理对象。

2. 相关的特殊功能寄存器

（1）自由端口的初始化。

通信所使用的波特率、奇偶校验以及数据位数等由特殊存储器位 SMB30（对应端口 0）和 SMB130（对应端口 1）来设定，如表 6-12-3 所示。比如：通过设置 SMB30 或 SMB130 低两位，使其取值 2#01，可以将通信口设为自由端口模式。在对 SMB30 或 SMB130 赋值之后，通信模式就被确定。

（2）特殊标志位及中断。

检测发送完成有两种方法：通过发送中断程序，通过发送完成标志位。

SM4.5（通信端口 0）或 SM4.6（通信端口 1）用于监视通信口的发送空闲状态，当发送空闲时，SM4.5 或 SM4.6 将置 1。利用该位，可在通信口处于空闲状态时发送数据。

在缓冲区内的最后一个字符发送后会产生中断事件 9（通信端口 0）或中断事件 26（通信端口 1），利用这一事件可进行相应的操作。

每接收完成 1 个字符，通信端口 0 就产生一个中断事件 8（或通信端口 1 产生一个中断事件 25）。接收到的字符暂时存放在特殊存储器 SMB2 中，通信口 Port0 和 Port1 共用 SMB2。利用接收字符完成中断事件 8（或 25），可方便地将存储在 SMB2 中的字符及时取出。

当由 TABLE 指定的多个字符接收完成时，将产生接收结束中断事件 23（通信端口 0）或接收结束中断事件 24（通信端口 1），利用这个中断事件可在接收到最后一个字符后，通过中断子程序迅速处理接收到缓冲区的字符。

（3）特殊存储器字节。

接收信息时用到一系列特殊功能存储器。对端口 0 用 SMB86～SMB94；对端口 1 用 SMB186～SMB194。各特殊存储器字节内容描述如表 6-12-8 所示。

表 6-12-8　特殊存储器字节 SMB86～SMB94，SMB186～SMB194

口 0	口 1	描述						
		接收信息状态字节						
		MSB						LSB
		7						0
		n	r	e	0	0	t	c	p
SMB86	SMB186	n=1，接收用户的禁止命令而终止接收，r=1 输入参数错误或无起始结束条件而终止接收； e=1，收到结束字符而终止接收，t=1，接收超时而终止接收； c=1，接收字符颠簸而终止接收，p=1，奇偶校验错误而终止接收						

口 0	口 1	描述							
SMB87	SMB187	接收信息控制字节							
		MSB							LSB
		7							0
		en	sc	ec	il	c/m	tmr	bk	0
		en=0，禁止接收；en=1，允许接收； sc=0，不使用 SMB88 或 SMB188 的值检测起始信息； sc=1，使用 SMB88 或 SMB188 的值检测起始信息； ec=0，不使用 SMB89 或 SMB189 的值检测结束信息； ec=1，使用 SMB89 或 SMB189 的值检测结束信息； il=0，不使用 SMW90 或 SMW190 的值检测空闲状态； il=1，使用 SMW90 或 SMW190 的值检测空闲状态； c/m=0，定时器是内部字符定时器；c/m=1，定时器是信息定时器； tmr=0，不使用 SMW92 或 SMW192 中的定时时间超出时终止接收； tmr=1，使用 SMW92 或 SMW192 中的定时时间超出时终止接收； bk=0，不使用中断条件；bk=1，使用中断条件							
SMB88	SMB188	信息字符的开始							
SMB89	SMB189	信息字符的结束							
SMB90	SMB190	空闲行时间间隔用毫秒给出。在空闲行时间结束后接收的第一个字符是新信息的开始							
SMW92	SMW12	字符间/信息间定时器超时值（用毫秒表示）。如果超过时间，就停止接收信息							
SMB94	SMB194	接收字符的最大数（1～255 字节） 注意：这个区一定要设为希望的最大缓冲区，即使不使用字符计数信息终止。							

使用自由口通信指令编写控制程序

　　用自由口通信模式，将本地 CPU 数据传送到远程 CPU，实现 8 只彩灯的依次点亮。在本地 CPU 的程序中，用 I0.0 启动 M0.0～M0.7 的循环移位，用 I0.1 停止 M0.0～M0.7 的循环移位；然后通过执行发送指令 XMT，将 MB0 的数据送至远程的变量缓冲区中。

　　在站 2 中将接收中断事件 8 连接到一个中断服务程序 0，再开中断，然后不断将接收到的数据再送至 QB0，即实现了站 1 的 M0.0～M0.7 与站 2 的 Q0.0～Q0.7 的同步移位控制。

　　（1）设置缓冲区。

　　发送和接收数据缓冲区的分配如表 6-12-9 所示。

表 6-12-9　发送和接收数据缓冲区数据分配表

本地 CPU				远程 CPU		
	地址	含义			地址	含义
发送区	VB100	发送字节数	接收区		VB200	接收到的字节数
	VB101	发送的数据			VB201	接收到的数据

（2）本地 CPU 程序（如图 6-12-18 所示）。

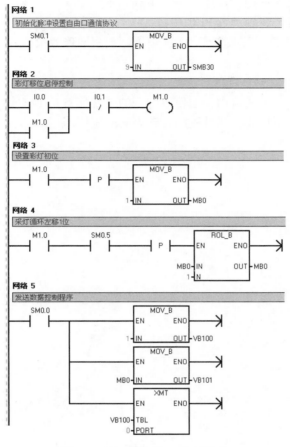

图 6-12-18 本地 CPU 控制程序

（3）远程 CPU 程序（如图 6-12-19、图 6-12-20 所示）。

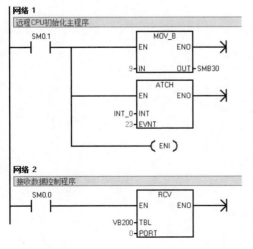

图 6-12-19 远程 CPU 主程序

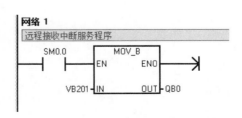

图 6-12-20 远程 CPU 中断服务程序

步骤三　调试运行

输入、编译本地机通信控制程序，将它下载到本地 PLC 中；输入、编译远程站的主程序及中断服务程序，将其下载到远程 PLC 中。

将两台 PLC 的工作方式开关置于 RUN 位置，观察通信效果。

项目总结

本项目通过一个任务讲述自由口通信方式下的硬件配置及 PLC 编程方法，应用中以通信测试为主，在实际应用中只要将测试程序修改为实际程序即可。

参考文献

[1] SIMATIC S7-200 系统手册. 西门子（中国）有限公司，2004.

[2] S7-200CN 可编程序控制器产品选型样本. 西门子（中国）有限公司，2008.

[3] 王红. 可编程控制器使用教程（松下系列）. 第 2 版. 北京：电子工业出版社，2007.

[4] 王芹. 可编程控制器技术及应用（西门子 S7-200 系列）. 天津：天津大学出版社，2008.

[5] 姜治臻. PLC 项目实训——FX2N 系列. 北京：高等教育出版社，2009.